우리 산야초로 담그는
한방 건강 약술

지은이_장원동(張源東)

1953년 경북 의성 출생
대구 계성고등학교 졸업
부산대학교 문리대 수학과 3년 수료
원광대학교 한의과 대학 졸업
대구한의대 한방병원 침구과(1982. 3~1984. 3)
세제한의원 원장(1984. 3~현재)
대구 중구 한의사회 부회장, 건강 약술 연구회 회장, 대구 약령시 한의사회
회장, 대구 약령시 보존위원회 부이사장 역임
現, 대구 약령시 보존 위원회 수석 부이사장, 대구 한의대학교 평생교육원 한방
약술 전문가 과정 담당 교수

우리 산야초로 담그는
한방 건강 약술

초판 1쇄 인쇄 ㅣ 2007년 4월 25일
초판 3쇄 발행 ㅣ 2010년 9월 1일

지은이 ㅣ 장원동
펴낸이 ㅣ 양동현

펴낸곳 ㅣ 도서출판 아카데미북
출판등록 ㅣ 제13-493호
주소 ㅣ 서울 성북구 동소문동4가 124-2
대표전화 ㅣ 02) 927-2345 팩시밀리 ㅣ 02) 927-3199
이메일 ㅣ academy@academy-book.co.kr

ISBN 978-89-5681-066-9 / 13570

www.academy-book.co.kr

우리 산야초로 담그는

한방 건강 약술

한의사 **장원동** 지음

아카데미북

요즘 들어 웰빙(Well-being)이란 단어를 자주 접하게 된다. 사전에 정의된 웰빙이란 '육체와 정신의 조화를 통해 행복하고 안락한 삶을 지향하는 삶의 유형 또는 문화 현상' 이다. 몇 년 전부터 붐을 일으키고 있는 말로, 우리말로는 '참살이' 라고 한다. 웰빙이든 참살이든 그 뜻은 물질적 풍요보다는 올바른 신체와 정신적인 건강을 지향하는 것이라 하겠다.

나는 어릴 때부터 한약 냄새를 맡으며 자랐다. 나의 부친은 50여 년 전 한의학에 투신해 지금도 한의원에서 환자들을 돌보고 계신다. 어렸을 때부터 한약 냄새를 맡고 자란 나는 자연히 한약과 친숙해지게 되었고, 30여 년 전 한의학과 대학을 다닐 때부터 약초에 관심을 가졌으며, 본초를 연구하던 중에 약술에 대한 관심도 갖게 되었다.

졸업 후 약전 골목에 개원하였고, 대구 약령시 축제 행사 때마다 한방 약술 전시를 하기 시작하면서 약술에 대한 더 많은 관심과 흥미와 재미를 느꼈다.

10년 이상 약술 담기의 성공과 실패를 거듭하면서 부족한 점을 느끼고 다시 약술에 대한 정보를 수집하고 여러 약술 책자를 읽으면서 나름대로 정리하기 시작하였다. 한방 약술에 이용되는 한약재의 정확한 효능과 약술의 이용 방법을 많은 사람들에게 알려 각자의 건강을 지키는 데 자그마한 도움이 되었으면 하는 바람으로 이 글을 시작했다. 건강을 지키는 방법에는 여러 가지가 있으나 여기서는 한방 약재를 이용한 약술을 소개하고자 한다.

　산야초와 동물, 광물 거의 모든 재료들이 한약재가 되며, 이들을 이용한 한방 약술은 그 효능과 맛이 재료와 주조 방법에 따라 천차만별이다. 그뿐만 아니라 잘 이용하면 건강 약술이 될 수도 있고, 잘못 이용하면 우리 몸에 해를 주는 독약이 될 수도 있다. 여기서는 일반적으로 많이 알려진 약재들을 이용한 약술 담그는 방법을 알려서 육체적인 건강과 정신적인 건강을 지키는 데 조금이라도 도움이 되었으면 하는 바람이다.

　그동안 자료를 준비하고 글을 쓰는 데 도움을 주시고 사진 자료를 보내 주신 분들, 귀중한 약재를 서슴없이 보여주시고 사진 촬영에 적극적으로 도움을 주신 대구 약령시 모든 회원님들, 귀중한 사진을 보내주신 최동언님, 신재교님, 또 〈웰빙 건강 약술방〉 여러 회원님들과, 몇 달 동안 문장을 지휘해 주시고 사진 촬영에 동행해 준 나의 아내, 평생 동안 이 길을 지켜 주신 나의 아버지(장영상 원장님)께 진심으로 감사를 드립니다. 모든 분들 항상 건강하시길 기원합니다.

2007년 봄 한의사 **장원동**

차례

복방주

일러두기 _ 술 이름 앞에 적힌 번호는 단방주와 복방주를 구별하기 위한 이 책만의 분류 번호이다. 세자릿수의 맨 앞 숫자가 0~1이면 단방주, 2이면 복방주이다.

약술에
대하여

약술은 약이 되게 만든 술로, 그중에서도 한방 약술은 몸의 에너지를 증강시켜

혈액의 흐름을 좋게 하는 술의 긍정적인 효과와 한약재의 탁월한 효능을 추출

하여 만든 것이다. 몸에 흡수되는 속도가 빨라 적은 양으로도 짧은 시간에 효과

를 볼 수 있으며, 혈액 순환을 촉진하여 말초 혈관까지 효과적인 성분을 보내 주

고, 알코올 덕분에 살균 방부력이 있어 오랫동안 보존이 가능하다.

한방 약술이란 무엇인가?

　중국 명 나라 때 『본초강목(本草綱目)』을 편찬한 이시진(李時珍)은 '술은 하늘이 준 선물로, 적당히 마시면 혈(血)의 생성을 돕고 기(氣)를 통하게 하여 혈액 순환을 촉진하고 추위를 막아 주고 흥을 돋우어 걱정을 잊게 하고 기분을 좋게 하지만 지나치면 신장과 위장을 상하게 하고 피를 탁하게 하며 정(精)을 잃게 하고 화(火)를 일으킨다' 고 하였다. 이는 술을 적당히 마시면 몸의 에너지를 증강시켜 혈액의 흐름을 좋게 하고 마음을 즐겁게 하며, 식욕을 증진시키고 잡념과 스트레스를 풀어 주고 잠을 잘 오게 하며, 피로를 풀어 주는 긍정적인 효과가 있음을 의미한다. 즉 원만한 사회 생활을 도와주고 풍부한 문화 생활의 활력소가 되어 준다는 것이다.

　술의 이러한 긍정적인 효과와 한약재의 탁월한 효능을 추출하여 만든 '한방 약술' 은 효능에 따라 크게 '치료류(治療類) 약술' 과 '보익류(補益類) 약술' 로 분류된다. 보다 구체적으로 살펴보면 자양 강장(滋養强壯) · 불로장생(不老長生) · 노화 방지 · 혈액의 흐름 개선 · 통증 완화 · 피로 회복 · 부인병 질환 · 소화기계 및 호흡기계 질환의 치료 및 예방 등에 많은 효능을 나타낸다.

　『한방의학총서』에 의하면 '약술은 환(丸) · 산(散) · 고(膏) · 단(丹) · 주(酒) · 로(露) · 탕(湯) · 정(錠)의 한방 전통 제형 가운데 하나인 주제(酒劑)로 약재를 술에 담그거나 다시 중탕전(重湯煎)을 이용하여 달인 뒤 찌끼를 제거하고 그 술을 마시는 것' 으로, 약주(藥酒)라고도 한다. 약술의 성질에 대해서는 '온통(溫通)하며, 약의 효능이 전신에 미치는 것을 도와주어 풍(風)을 물리치고, 혈액을 잘 돌게 하고 비통(痺痛)을 수반하는 질환에 상용된다' 고 설명하고 있다. 이렇게 한약재를 추출한 탁월한 효능을 가진 약술이지만 모든 약술이 탕약보다 뛰어나다는 것은 아니다.

일반적으로 한약은 탕약으로, 물을 이용하여 한약재를 달여 약의 효능을 추출하는 데 반해 한약재를 배합하여 만든 약술은 알코올을 이용해 약의 효능을 추출한 것으로, 알코올에 의해 특정 질환에 월등히 우수한 치료 효과를 낼 수도 있다.

불로주

알코올에는 약재가 가진 효과적인 성분을 녹이는 힘이 있으며, 농도에 따라 용출 성분이 달라지고 한약의 효능을 상승시켜 주는 역할을 한다. 그러나 단순히 한약재를 술에 담가 둔다고 해서 모두 약술이 되는 것이 아니다. 약재의 내용과 용량, 술의 농도와 비율, 숙성 방법 등에 따라 용출 성분이 달라지고 효능이 달라진다는 것을 알아야 한다.

약술은 몸에 흡수되는 속도가 빨라 적은 양으로도 짧은 시간에 효과를 낼 수 있으며, 혈액 순환을 촉진하여 말초 혈관까지 효과적인 성분을 보낼 수 있다. 또한 알코올이 들어가기 때문에 살균 방부력이 있어 보존 기간이 길고 달이는 번거로움이 없으며 복용하기가 쉽다. 하지만 알코올의 영향을 고려해야 하기 때문에 모든 치료에 다 사용할 수는 없다. 복용을 금해야 하거나 주의해서 복용해야 하거나 허약하여 소량만 복용해야 하는 사람은 반드시 의사의 지시를 따라야 한다.

약술은 취미나 기호에 따라 일반적으로 담그는 '건강 약술' 과, 치료와 건강 증진을 위해 한약재를 이용한 '한방 약술' 로 나누며, 한방 약술은 약재의 내용에 따라 '단방주' 와 '복방주' 가 있다. 건강 약술은 기호나 향, 맛으로 누구나 쉽게 담글 수 있는 과실주나 흔히 알려진 단방의 재료를 이용한 단방주가 대부분이다.

한방 약술에서 단방주는 단순한 요인으로 생기는 피로나 갈증, 질병 예방, 부위별 장기의 문제, 근육통 등에 빠른 효과를 기대할 수 있으며, 효과가 매우 강하고 금방 나타난다. 그러나 효과의 범위가 한정되어 있기 때문에 복합적인 질병에는 적합하지 않다. 반면 복방 처방의 복방주는 효과가 천천히 나타나며, 만성 질환에 적당하다. 그 밖에도 복합적인 병인(病因)으로 생긴 질환이나 체력 보강, 노화 방지, 병 치료 및 체질 개선, 정력 보강, 혈액 순환 개선, 병후 및 산후 회복 등에 효과가 있다. 이처럼 한방 약술의 주요 효능은 삶을 보다 풍요롭게 하고, 건강하게 오래 살 수 있도록 돕는 데 있다.

　약술은 기본적으로 한약과 같으며, 모든 약이 용법과 용량이 정해져 있듯이 약술도 그 복용법을 따라야 한다. 또한 효능이 다 다르므로 효능에 대한 지식을 완전히 습득한 뒤에 이용해야 한다. 이 책에서는 이와 같은 한방 약술에 대해 이야기하고자 한다.

한방 약술 복용법

모든 약에는 정해진 용법과 용량이 있다. 약술도 복용법에 따라 복용해야지 보통의 술이나 과실주처럼 마셔서는 안 된다.

약술은 한약량으로 비교하면 비록 성분은 적게 함유되어 있지만 알코올과의 상승작용을 간과해서는 안 된다. 알코올의 힘이 가해지면 예상치 못한 약력(藥力)이 발휘되기 때문이다.

기본적인 약술 복용 기준은 1일 2회, 20㎖ 정도이며, 아침저녁 식후 복용을 기본으로 연령과 체질, 질병의 경중에 따라 복용량을 더하거나 줄이기도 하고 복용 시간을 조절하기도 한다. 특히 불면증이 있는 사람은 잠자리에 들기 전에 마시는 것이 좋다.

▋약술 복용 시 주의할 점

반드시 적정량을 마신다
지나치게 많이 마시거나 폭음을 해서는 안 되며, 허약한 사람이나 노인은 조금 적게 마시는 것이 좋다.

일정한 시간을 정해 마신다
매일 1~2회 식사 전후 또는 잠들기 전에 마신다. 그래야 약성이 빨리 흡수되어 효과가 빨리 나타난다. 열성에 약술을 복용할 때는 차게 복용하지만 경우에 따라서는 따뜻하게 마시는 것도 약효를 높이는 방법이다.

병이 나으면 복용하지 않는다
치료가 목적이므로 약술이라 해도 무조건 장복(長服)하는 것은 좋지 않다.

반드시 의사의 지시를 따라야 한다

질병 치료나 치료 보조용으로 복용할 경우 질병의 치료 정도에 따라 약술의 종류와 용량이 달라지기 때문이다. 아무리 약술이라 해도 먹어서 좋은 사람과 먹어서 안 되는 사람이 있으며, 병의 증상에 따라 마실 수 있는 경우와 마실 수 없는 경우가 있다.

마셔서는 안 되는 경우는 병이 활동 중일 때다. 즉 궤양성 질환이나 염증성 질환, 출혈성 질환, 간 질환 등 소화기계 질병이 있는 경우에는 복용을 금해야 한다. 암 환자는 반드시 복용을 금해야 하고, 고혈압이나 동맥경화 등 혈관 질환이나 심장 질환이 있는 경우는 주의해서 복용해야 한다. 감기나 인후염, 발열성 질환 등의 외감 질병이 있는 경우 복용으로 인해 상태가 가중될 수 있으므로 그 기간 동안에는 복용을 중지해야 한다. 중풍 환자의 경우 과다 복용으로 인해 혈전이 형성될 수 있으므로 복용을 금하고, 당뇨병이나 고혈압, 동맥경화 같은 질병에서도 위험 요소가 있을 때는 마땅히 복용을 금해야 한다.

의사의 지시에 따라 복용해야 하는 경우도 있다. 병인(病因)이 있지만 현재 진행되지 않거나 거의 활동을 하지 않는 경우에는 질병에 따라 잘 선택하여 의사의 지시에 따라 마셔도 된다. 약술을 마시고 생기는 부작용은 우려할 정도로 위험한 경우는 드물지만 부작용이 의심될 때는 즉시 의사와 상의해야 한다.

이처럼 약술은 병과 증상, 건강 상태에 따라 알맞게 복용해야 한다. 약술은 대체로 온약(溫藥)이어서 허증(虛症)이나 한증(寒症)이 있는 사람에게 특히 효과적이다. 허약 체질, 체력 저하, 병후 회복기, 노화 예방, 식욕 부진, 소화 불량, 만성 설사 · 피로 · 성 기능 감퇴 · 혈액 순환 장애 · 요통 · 신경통 · 사지 냉통 · 냉증 · 빈혈 · 불면 · 스트레스 · 갱년기 장애 등의 허증과 한증 질환에 약술을 이용하면 효과를 볼 수 있다. 다시 한번 강조하건대, 한방 약술은 약(藥)으로 이용하고, 건강 약술은 건강주(健康酒)로 이용해야 한다.

한방 약술 담그기

약술은 약이 되게 만든 술로, 일반 술과 달리 제조의 경우 약효는 물론 맛과 향기, 투명도 등에서 상당한 기술과 경험이 필요하다. 가정에서 담그는 약술도 정성을 다해 담으면 일품 약술이 될 수 있다. 약재를 달인 국물에 누룩을 넣어 발효시키는 방법과 재료를 술에 넣어 달여 마시는 방법이 있으나 가정에서 일반적으로 이용하는 약술 담그는 방법은 약재를 찬술에 담가 약 성분이 천천히 우러나오도록 하는 것이다. 이 책에서도 이 방법을 소개하고자 한다.

▮ 바탕 술

소주는 맛과 냄새, 색이 거의 없기 때문에 그 재료가 가진 독특한 향기와 맛, 색을 효과적으로 살릴 수 있다는 장점이 있다. 완전히 마른 약재나 재료는 25도가 적당하고, 수분이 있는 열매와 과실, 재료 등은 30~35도 정도로 담그는 것이 좋다. 이 도수일 때 맛과 향기가 가장 잘 조화를 이루고, 수분이 많은 재료의 경우 자체 수분으로 알코올이 희석되기 때문이다.

▮ 감미료

감미료는 재료가 지나치게 맛이 없을 때 술맛을 더해 주는 역할을 하며, 발효를 촉진하는 데 이용된다. 그러나 소주는 약알칼리성이기 때문에 가능하면 넣지 않거나 최소한만 넣는 것이 효능 면에서 좋다. 벌꿀이나 얼음 설탕이 좋지만 경우에 따라 백설탕이나 황설탕을 넣어도 된다.

▮ 재료

재료는 신선한 것이 좋다. 그래야 재료가 가지고 있는 약효와 향, 맛, 색깔을 제대

약재 구기자

약재 갈근

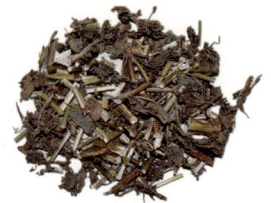
약재 차조기

로 살릴 수 있다. 과실이나 모양이 좋은 일부 재료는 통째로 담그는 것이 좋다. 약재는 건조 및 보존 상태, 품질 등을 잘 살펴 한약방이나 약재상에서 구입하면 된다. 상황버섯이나 갈근처럼 크거나 단단한 재료 또는 완전 건조된 한약재는 썰어서 이용하는 것이 효과적이며, 통째로 담그는 것은 오랜 시간에 걸쳐 좋은 성분이 자연스럽게 추출될 수 있도록 그대로 숙성시켜야 한다.

▌용기

옹기나 유리병, 자기 항아리 모두 무방하지만 기왕이면 보기 좋은 것이 좋다. 담글 때 편리하려면 용기 입구가 넓고 밀봉 가능한 유리병이 좋다.

▌담그기

약술 재료가 준비되었다면 신선도가 떨어지기 전에 빨리 담가야 한다. 꽃과 과일은 90% 정도 피거나 익었을 때가 술을 담기에 가장 알맞으며, 재료에 따라 조심스럽게 다루어야 한다. 물에 씻을 수 없는 재료는 가제나 마른 행주로 깨끗이 닦아 이용한다. 딸기나 머루 등은 물에 씻지 말고 그대로 이용하고, 매실이나 산복숭아처럼 비교적 단단한 과일은 깨끗이 씻어 물기를 완전히 제거한 뒤에 이용한다.

약재는 건조 상태와 품질을 꼼꼼히 살펴 잡티나 찌꺼기를 골라내고, 필요한 경우 법제(法製 : 약의 성질을 좀 다르게 하기 위해 정해 있는 방법대로 가공하는 것)하여 이용한다. 뿌리에 흙이 묻어 있는 재료는 흙을 털어 내고 물에 깨끗이 씻어 물기를 완전히 말려 이용한다. 물기가 있으면 부패하거나 곰팡이가 생기기 쉽다. 약술 용기는 반드시 깨끗이 씻어 물기를 완전히 제거해 놓아야 한다. 한방 약술은 약재와 소주의 비율이 맞아야만 맛도 좋다.

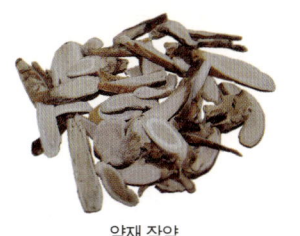
약재 작약

약재 산사

약재 호랑가시

　소주를 넣는 분량은 완전 건조된 약재나 복방주의 경우 약재의 10배, 생물일 경우 재료의 3배를 기준으로, 향기나 맛, 건조 상태에 따라 구분하여 조금씩 더하거나 빼면 된다. 하지만 20 : 1이나 50 : 1의 비율도 생각할 수 있다. 농도가 엷어지면 그만큼 약효가 약해지지만 법제한 산국의 경우 소주가 30배 이상이다. 그래도 향이 강하다. 취향과 약효에 따라 술과 약재의 양을 더하거나 빼기도 한다. 술을 담근 뒤에는 반드시 담근 날짜와 재료명, 복용법, 보존 기간 등을 메모하여 용기에 붙여 둔다.

한방 약술의 숙성과 보관

▌약술의 숙성

약술을 담근 뒤 에는 10일~3개월간 약재를 술에 담가 두었다가 약재를 건져 낸 다음 그중 10~20% 정도의 약재만 다시 용기에 넣어 밀봉하여 저장한다. 처음 3~5일 간은 1일 1회 정도 가볍게 흔들어 주거나 가끔씩 흔들어 주면 숙성되는 속도가 빨라진다. 그러나 숙성되는 도중에 마개를 열면 산화될 우려가 있으므로 마개나 뚜껑을 열지 말아야 한다. 술은 오랫동안 저장하여 잘 숙성되면 맛이 순해진다.

일반 가정에서 숙성시키려면 원료로 사용한 약재 찌끼를 이용하면 된다. 약재를 10일~3개월 정도 담가 두면 유효 성분이 거의 추출되지만 약재 찌끼가 약술의 숙성에 큰 역할을 한다. 술에 약초를 담가 놓고 오랫동안 익히면 많든 적든 술 성분에 미묘한 변화가 생긴다. 그러나 이 변화 형태는 일정한 것은 아니라 약재나 숙성 기간에 따라 달라진다. 또한 약재 찌끼를 일부 남겨 두고 잘 숙성시키면 술이 순하고 향과 맛도 좋아진다. 그러나 약재 찌끼가 너무 많으면 지나치게 빨리 숙성되어 오히려 맛과 향이 나빠질 수도 있다. 이처럼 약술을 제대로 숙성시키려면 1~3개월, 때로는 6개월 이상까지 걸린다. 찌끼의 분량을 줄여 오랫동안 숙성하면 그만큼 좋은 약술을 만들 수 있다. 완전 숙성되고 남은 약재 찌끼는 완전히 걸러서 버리고 보관한다. 이때는 작은 병에 나누어 보관하면 언제나 신선한 느낌의 약술을 마실 수 있다.

▌약술 보관

담근 약술은 온도차가 적고 시원한 곳에 보관하는 것이 가장 좋다. 담근 술을 바로 냉장고에 넣으면 안 되는데, 그 이유는 냉장고의 온도가 낮아서 숙성이 잘 안 되기 때문이다. 방이나 거실에 보관할 때는 직사광선이 비치거나 난방기기가 있는 곳은 피한다. 석유나 화장품, 화공품 등 자극성이 강한 물질이 있는 곳에 두어서도 안 된다.

효능별 건강 약술

▌여성 질환 및 미용에 좋은 약술

숙지황주(016)	당귀주(018)	익모초주(025)	애엽주(030)
금은화주(037)	찔레술(050)	겨우살이술(071)	단삼주(082)
부처손술(083)	구지뽕술(091)	화살나무술(103)	목단피술(106)
잣술(115)	지치술(118)	홍안주(210)	익모사물주(224)
양귀미주(231)			

▌남성에게 활력을 주는 약술

산수유주(004)	오미자주(005)	음양곽주(007)	사상자주(021)
토사자주(022)	마늘술(055)	달래술(056)	골쇄보주(093)
복분자주(095)	댑싸리술(096)	비수리술(117)	부추술(119)
독계주(201)	선령비주(203)	회춘주(204)	오자주(205)
산용주(221)	고진주(241)	구신인삼주(244)	종옥약주(245)

▌피로 회복 · 스트레스 해소 및 건강 증진에 좋은 약술

구기자주(001)	인삼주(002)	산약주(003)	황기주(017)
둥글레술(019)	박하주(029)	연자육주(073)	구절초술(088)
엉겅퀴술(107)	조릿대술(109)	황기마늘주(219)	양심주(223)
구기황정주(225)	하수오용향주(232)	인삼양영주(233)	고본지황주(236)
백국화주(239)	양춘주(240)	청심연자음주(243)	구기인삼주(246)
오가황만주(248)			

▌고혈압 · 혈액 순환 및 심장 질환에 좋은 약술

솔잎주(027)   영지주(028)   삼백초주(042)   은행잎주(049)

감잎술(061)   검은콩술(064)   천마주(065)   패랭이꽃술(092)

단풍마술(111)   우엉술(113)   잣솔방울술(115)   영지단삼주(235)

▌노화 방지 및 치매 예방에 좋은 약술

인삼주(002)   오미자주(005)   하수오주(006)   황정주(019)

오디주(023)   솔잎주(027)   석곡주(039)   다래술(053)

국화주(062)   천문동주(077)   마가목술(080)   참깨술(120)

불로주(202)   주공백세주(206)   황정지황주(208)   오군자주(211)

가미수오주(212)   익수선주(216)   칠보주(217)   양노주(222)

하수오회춘주(228)   춘수주(234)   고본지황주(236)   익수약주(237)

연수주(238)   백국화주(239)   양춘주(240)   자음홍양주(250)

▌위장 및 소화 기능을 강화하는 약술

산약주(003)   갈근주(008)   산사주(012)   정향주(015)

박하주(029)   백출주(036)   생강주(041)   계피주(044)

후박주(046)   회향주(047)   지실주(052)   석류주(054)

오수유주(057)   물푸레나무술(069)   너삼술(081)   상황버섯술(086)

작두콩술(089)   소엽주(098)   황백술(104)   이질풀술(105)

엉겅퀴술(107)   매실주(121)   보원주(220)   보온인삼주(226)

소생진피주(227)

▌빈혈 및 두통 해소에 좋은 약술

숙지황주(016)   황기주(017)   당귀주(018)   황정주(019)

천구주(031)   만삼주(043)   삼귀룡주(207)   지정주(213)

인삼당귀주(214)   산용주(221)   삼황수궁주(230)   인삼양영주(233)

당귀보혈주(242)   인삼구기주(246)

▌폐 · 기관지 호흡기 질환에 좋은 약술

오미자주(005)   더덕주(013)   도라지주(014)   맥문동주(020)

나리주(034)   생강주(041)   만삼주(043)   은행주(049)

동충하초주(051)   비자술(059)   민들레술(063)   노봉방주(066)

잔대주(067)   천문동주(077)   생맥산주(215)

▌당뇨 · 신장 · 방광 및 비뇨기 질환에 좋은 약술

복령주(035)   백출주(036)   삼백초주(042)   해당화술(058)

으름술(060)   느릅나무술(070)   여정실주(074)   마가목주(080)

질경이술(085)   호박씨술(090)   아카시아술(116)   지정주(213)

생맥산주(215)   연수주(238)   청심연자음주(243)

▌불면 및 신경 정신 질환에 좋은 약술

갈근주(008)   개다래주(009)   나리주(034)   복령주(035)

산조인주(040)   다래술(053)   백자인주(075)   창포주(079)

해바라기술(097)   자귀나무술(101)   황기마늘주(219)   양심주(223)

연령주(229)

▌골다공증 · 요통 · 신경통 등 관절 질환에 좋은 약술

개다래주(009)   우슬주(010)   오가피주(011)   두충주(024)

홍화주(026)   구척주(031)   독활주(033)   금은화주(037)

작약주(038)   감초주(045)   엄나무술(068)   으아리술(076)

용담초주(078)   청미래덩굴술(087)   구절초술(088)   구지뽕술(091)

골쇄보주(093)   재피술(099)   두릅술(100)   호랑가시술(102)

강호리술(108)   도꼬마리술(110)   댕댕이덩굴술(112)   방풍술(114)

가미오가피주(209)   수오두충주(218)   우슬오가피주(247)   가미호두주(249)

▌비염에 효과적인 약술

느릅나무술(070)   목련술(084)   도꼬마리술(110)

단방주

단방주는 한 가지 약재를 이용하여 약술로 제조한 것으로, 복용할 때의 장점은

빠른 효과를 기대할 수 있다는 것이다. 약술의 효능을 한 가지 방향으로 이끌기

에 적합하고, 효과가 빠르고 강하기 때문에 단순한 요인으로 생기는 증상에 좋

다. 반면 효과가 미치는 범위가 한정되어 있기 때문에 복합적인 질병에는 적합

하지 않다.

구기자주

枸杞子酒

정력(精力) 증강과 허약 체질 개선에 좋은 장생주(長生酒)

[재료]

구기자(枸杞子) 150g(생것 600g) / 설탕 100g / 소주 1,800㎖

[제조 방법]

① 생 구기자는 약간 풀비린내가 나므로 말린 구기자를 이용하는 것이 좋다. 잘 익은 구기자를 골라 물에 깨끗이 씻어 완전히 말린다.

② 구기자를 용기에 넣고 소주와 설탕을 부어 밀봉하여 시원한 곳에 저장한다.

③ 처음 3~5일 간은 매일 1회 정도 가볍게 용기를 흔들어 준다.

④ 3개월 뒤 약재를 건져 내고, 건져 낸 약재의 1/5 정도를 다시 용기에 넣어 밀봉하여 시원한 곳에 저장한다.

⑤ 6개월 뒤에 완전 개봉하여 여과지에 걸러서 보관하며 복용한다.

⑥ 적갈색을 띤 것이 맛이 좋은 약술이다.

[효능]

정력 증강과 허약 체질 개선을 위한 장생주(長生酒)로 애용된다. 노화를 방지하고 피로를 푸는 데도 좋다.

약재 구기자

[복용법]

1일 2회 20~30㎖씩 아침저녁으로 식후에 복용한다. 저녁 식사 시 반주로도 좋다.

구기자

[**총론**]

- 이명 _ 구기자, 선장, 물고추나무, 지선자(地仙子)
- 한약명 _ 구기자(枸杞子 = 열매), 지골피(地骨皮 = 뿌리 껍질)

　구기자의 여러 가지 효능 가운데 지금까지 알려진 가장 큰 효과는 피로 회복과 노화 방지다. 노인성 백내장(白內障)과 노안(老眼) 예방에도 효과가 있다. 예부터 구기자는 불로장생(不老長生)과 강장 강정(强壯强精), 회춘(回春)의 비약(秘藥)으로 쓰였다. 최근 연구 결과에 의하면 간세포 내의 지방 침착(沈着)을 억제하고, 간세포의 신생(新生)을 촉진하여 만성 간염이나 간경변에도 효과가 있다고 한다. 문헌에 의하면 구기자는 거풍명목(祛風明目 : 풍을 제거하고 눈을 맑게 함), 강근건골(强筋健骨 : 근육을 강화하고 뼈를 튼튼하게 함), 보음자양(補陰滋陽 : 몸의 음기를 돕고 영양을 좋게 함)한다고 기록되어 있다. 이러한 이유로 구기자주는 장생주(長生酒)로 애용되어 왔다.

인삼주

人蔘酒

식욕 부진(食慾不進), 원기 부족(元氣不足), 허약 체질, 면역성 결핍, 무기력감(無氣力感) 등에 좋은 약술

[재료]

수삼(水蔘) 300g / 꿀(필요에 따라 조절) / 소주 1,800㎖

[제조 방법]

① 5년근 정도의 흠이 없는 인삼을 골라 깨끗이 씻어서 물기를 완전히 제거하여 1~
   2일 정도 말려서 이용한다.
② 인삼을 용기에 담고 소주를 부어 밀봉한 뒤 시원한 곳에 저장한다.
③ 처음 3~5일간은 1일 1회 정도 용기를 가볍게 흔들어 준다.
④ 6개월 이상 지난 뒤에 복용하면 좋다. 오랫동안 저장해도 좋으나 그럴 경우에는
   반드시 밀봉하여 저장한다.
⑤ 황갈색을 띠며, 은은한 인삼 향과 쌉쌀하고 감칠맛이 나는 약술이다.

[효능]

강장(强壯), 보혈(補血), 병후 회복, 무기력증, 허약 체질 개선, 건위(健胃), 정력 증진,
식욕 부진, 설사 등에 좋다.

약재 인삼

[복용법]

1일 2회 20~30㎖씩 아침저녁으로 식후에 복용
한다.

※ 주의 : 인삼은 일시적으로 혈압을 높이므로 혈압
   이 높은 사람은 삼가는 것이 좋다. 또한 몸속에 수
   분을 저장하는 작용이 있으므로 몸에 좋다고 해
   서 과음하거나 과신해서는 안 된다.

인삼

[총론]

• 이명 _ 신초, 인침, 토청, 혈삼
• 한약명 _ 인삼(人蔘)

　인삼은 인삼 뿌리를 잘 건조한 것이고, 홍삼은 인삼을 쪄서 재가공한 것이다.
　한방에서는 인삼 뿌리를 강장 약재로 귀중하게 애용하고 있으며, 예부터 만
능약으로 알려져 있다. 두뇌의 긴장을 풀어 주고 뇌 활동을 좋게 하며 냉증을
풀어 준다고 알려져 있을 뿐만 아니라 만성 허약 체질을 개선하는 데도 효과적
이다. 신경의 흥분 전도를 빠르게 하고 원기(元氣)를 보충하며, 심장의 수축력
을 강하게 한다. 소화기를 튼튼하게 하며, 특히 적혈구와 혈색소를 증가시키
고, 골수의 대사 촉진 작용에 의한 백혈구의 증가에도 효과적이다. 폐활량을
늘려 주며, 숨이 차고 땀을 많이 흘릴 때 좋다. 배뇨량을 감소시키고, 발열성
질환이나 탈수 등에 의한 갈증을 풀어 주는 효과도 있다.

산약주

山藥酒

근 골 (筋 骨)을 튼 튼 하 게 하 고 체 력 증 진 에 좋 은 약 술

[재료]

산약(山藥) 150g(생마 600g) / 설탕 100g / 소주 1,800㎖

[제조 방법]

① 완전히 마른 깨끗한 산약을 1.5㎝ 정도 크기로 썰어 용기에 넣고 소주와 설탕을
　 부어 밀봉하여 시원한 곳에 저장한다.

② 생마는 껍질을 벗겨 1주일 이상 완전히 말려 사용하거나 껍질을 벗겨 살짝 쪄서
　 3일 이상 완전히 말린 것을 이용한다.

③ 처음 3~5일간은 1일 1회 정도 용기를 가볍게 흔들어 준다.

④ 3개월 뒤에 개봉하여 약재를 건져 내고, 건져 낸 약재의 1/5 정도를 다시 용기에
　 넣어 밀봉하여 시원한 곳에 저장한다.

⑤ 6개월 뒤에 완전 개봉하여 여과지에 걸러서 보관하며 복용한다.

⑥ 옅은 호박색을 띠며, 담백한 맛이 나는 약술이다.

[효능]

기력 보강(氣力補强), 조혈 작용(造血作用), 체력 증진
(體力增進), 소화 기능 향상에 효과적이며, 유정(遺精 :
여성과 성적인 접촉 없이 정액이 저절로 흘러나오는 현
상)이나 만성 설사(慢性泄瀉)에도 좋다.

약재 산약

[복용법]

1일 2회 20~30㎖ 씩 아침저녁으로 식후에 복용한다.

산약

[총론]

- **이명** _ 서여, 마, 참마
- **한약명** _ 산약(山藥)

　참마의 뿌리 부위 육질부를 말린 것을 약용으로 이용한다.

　예부터 정력에 좋은 식품으로 알려져 있으며, 자양 보정(滋養補精) 효과가 강하여 모든 장기에 힘을 주고 허약 체질을 개선하는 효과가 있다. 또한 폐(肺)와 신(腎)의 기운을 북돋아 주어 천식과 기침에 효과적이며, 여성들의 백대하(白帶下)나 소변에 힘이 없고 소변 본 뒤에 잔뇨감이 있을 때도 이용한다. 당뇨로 인한 혈당을 낮추는 데도 효과가 있고, 가래를 없애고 염증을 삭이며 머리를 맑게 해 준다. 중국에서는 구기자와 함께 수프로 끓여 먹거나 쪄서 호두와 함께 먹으면 몸이 쇠약해지거나 정력이 떨어졌을 때 좋다고 하여 즐겨 먹으며, 처음에는 식용으로 이용되었다.

산수유주

山茱萸酒

양기 부족(陽氣不足), 발기 부전(勃起不全), 신허 요통(腎虚腰痛), 자양 강장(滋養强壯) 등에 좋은 약술

[재료]

산수유(山茱萸) 150g / 설탕 100g / 소주 1,800㎖

[제조 방법]

① 잘 익은 산수유 꼭지를 따낸 뒤 씨앗을 발라내고 깨끗이 손질하여 완전히 말린다.

② 준비한 재료를 용기에 넣고 소주와 설탕을 부어 밀봉하여 시원한 곳에 저장한다.

③ 처음 3~5일간은 1일 1회 정도 용기를 가볍게 흔들어 준다.

④ 3개월 뒤에 개봉하여 약재를 건져 내고, 건져 낸 약재의 1/5 정도를 다시 용기에 넣어 밀봉하여 시원한 곳에 저장한다.

⑤ 6개월 뒤에 완전 개봉하여 여과지에 걸러서 보관하며 복용한다.

⑥ 맑은 적갈색을 띠며, 신맛과 약간 떫은맛이 나는 약술이다.

[효능]

약재 산수유

양기 부족과 발기 부전에 효과가 있으며 소변무력(小便無力)이나 신허 요통(腎虚腰痛 : 신허로 허리가 아픈 증상), 신허 이명(腎虚耳鳴 : 신허에 의한 귀울음 증상), 자한증(自汗症 : 기운이 허해서 땀이 나는 증상), 야뇨증(夜尿症)에도 좋다. 노인성 요실금(尿失禁)에는 인삼 · 오미자 · 진피 · 익지인으로 약술을 담가 이용하면 더욱 좋다.

[복용법]

1일 2회 20~30㎖씩 아침저녁으로 식후에 복용한다.

※ 주의 : 소변 장애나 성병(性病)이 있는 사람은 금한다.

산수유

[총론]

- 이명 _ 산채황, 홍조피, 수유
- 한약명 _ 산수유(山茱萸)

　산수유나무 열매의 육질부를 약용으로 이용한다.

　산수유는 주로 자음 보혈약(滋陰補血藥)의 보약재로 많이 쓰인다. 빈혈이나 신경 쇠약, 노인성 천식에 효과적이며, 허리와 다리에 힘이 없고 머리가 아프며 빈뇨(頻尿)나 야뇨(夜尿)가 있는 노인들의 자양 강장과 보정(補精)에도 효과적이다. 『동의보감(東醫寶鑑)』에 의하면 '신장 계통 및 당뇨병, 고혈압, 관절염, 어린이 오줌싸기, 식은땀, 손발이 찰 때, 부인병 등 각종 생활습관병(성인병)에 대한 면역 기능을 강화해 주므로 오랫동안 복용하면 큰 효과가 있다' 고 한다. 정신을 맑게 해 주며, 남성의 성 기능 보강에도 좋다고 기록되어 있다.

오미자주

五味子酒

피로(疲勞), 권태(倦怠), 정력 보강, 더위 먹었을 때, 오래된 기침에 좋은 약술

[재료]

말린 오미자(五味子) 150g / 설탕 100g / 소주 1,800㎖

[제조 방법]

① 잘 익은 오미자를 골라 흐르는 물에 살짝 씻어 그늘에 10일 이상 완전히 말려 이
용한다.

② 준비된 재료를 용기에 넣고 소주와 설탕을 부어 밀봉하여 시원한 곳에 저장한다.

③ 처음 3~5일간은 1일 1회 정도 용기를 가볍게 흔들어 준다.

④ 3개월 뒤에 개봉하여 약재를 건져 내고, 건져 낸 약재의 1/5 정도를 다시 용기에
넣어 밀봉 저장한다.

⑤ 6개월 뒤에 완전 개봉하여 여과지에 걸러서 보관하며 복용한다.

⑥ 토닉워터나 생수를 약간 첨가하면 향과 색깔이 특이한 분위기 있는 약술이 된다.

[효능]

기(氣)를 보강하고 정력(精力)을 강하게 하며, 양
기 부족(陽氣不足)에 효과가 있다. 기침을 멎게 하
고 가래를 없애며 시력을 좋게 한다. 피로, 권태,
무기력증, 기억력 감퇴, 더위 먹었을 때도 좋다.

[복용법]

1일 2회 20~30㎖씩 아침저녁으로 식후에 복용
한다.

약재 오미자

오미자

[총론]

- 이명 _ 오매자
- 한약명 _ 오미자(五味子)

오미자나무의 완숙한 열매를 약용으로 이용한다.

오미자는 단맛 · 신맛 · 매운맛 · 짠맛 · 쓴맛의 다섯 가지 맛을 모두 갖고 있다 하여 이름 붙여졌으며, 특히 단맛과 신맛이 가장 강하다. 오미자는 중추 신경계와 대뇌 피질을 흥분시켜 작업 능률을 높여 준다. 자궁의 평활근을 흥분시키는 작용도 있으며, 수축력을 강하게 한다. 주로 강장(强壯) 작용을 하고, 피로나 권태 · 무기력증 · 더위 먹었을 때 · 기억력 감퇴 · 주의력 감퇴 · 건위(健胃) 등에도 효과가 있다.

폐 기능을 강화해 주는 요약(要藥)으로, 오래된 기침을 치료한다.

하수오주

何首烏酒

허약 체질, 권태 무력(倦怠無力), 체력 보강, 흰머리 방지, 노화 예방 등에 좋은 약술

[재료]

하수오(何首烏) 150g(생것 400g) / 설탕 100g / 소주 1,800㎖

※ 하수오는 재배한 것보다 야생의 것이 효과가 좋다.

[제조 방법]

① 생 하수오를 이용할 때는 뿌리를 깨끗이 씻어 하루 정도 말려서 얇게 썰고, 말린
   것은 깨끗이 손질하여 얇게 썬다. 썰지 않고 통째로 이용해도 된다.

② 하수오를 용기에 넣고 소주와 설탕을 부어 밀봉하여 시원한 곳에 저장한다. 오랫
   동안 보관할 때는 통째로 넣는 것이 좋다.

③ 처음 3~5일간은 1일 1회 정도 용기를 가볍게 흔들어 준다.

④ 6개월 이상 숙성한 뒤 복용한다. 통째로 담근 경우에는 술을 따라 내고 다시 새
   술을 부어 1년 이상 숙성하여 복용해도 좋다.

⑤ 적갈색을 띠며, 독특한 향기가 나고 약간 씁쓸한 맛이 도는 약술이다.

[효능]

자음 양혈(滋陰養血 : 음기를 돋우고 피를 생성함) 효
과가 있어서 신경 쇠약이나 병후 회복, 노화 방
지, 피부 미용에 효과가 있다.

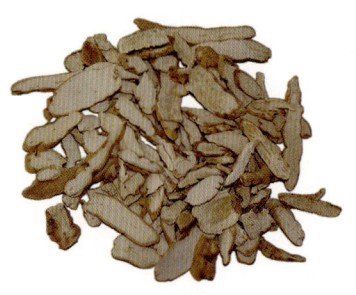

약재 하수오

[복용법]

1일 2회 20~30㎖씩 아침저녁으로 식후에 복용
한다.

하수오

[총론]

• 이명 _ 백하수오, 은초롱, 새박뿌리
• 한약명 _ 하수오(何首烏 = 뿌리), 야교등(夜交藤 = 줄기)

하수오 뿌리를 약용으로 이용한다.

예부터 정력과 기를 보하고 머리를 검게 해 주는 약재로 알려져 왔으며, 인삼 대용품으로도 쓰였다. 자양 강장(滋養强壯), 양혈(養血), 보간(補肝), 갈증 해소, 당뇨(糖尿)에 효능이 뛰어나고, 허약 체질 개선과 정력제로 좋은 약재다. 콜레스테롤 조절 작용이 있고 동맥경화를 예방하며, 신기를 보강하고 정을 가다듬는다. 신허로 인한 유정이나 허리와 다리에 힘이 없고 약한 증상에 쓴다. 하수오주는 많이 담는 약술 가운데 하나로, 그만큼 효능과 향이 좋다. 요즘에는 적하수오가 많이 나오고 있는데 적하수오는 백하수오와 전혀 다른 식물이다.

음양곽주
淫羊藿酒

정력을 강화하고 양기(陽氣)를 보해 주며 발기 부전에 좋은 약술

[재료]

음양곽(淫羊藿) 150g / 설탕 100g / 소주 1,800㎖

[제조 방법]

① 삼지구엽초의 지상부 전초를 채취하여 흐르는 물에 살짝 씻어 완전히 말려 3~
   5cm 정도 길이로 썰어서 용기에 넣고 소주와 설탕을 부어 밀봉하여 시원한 곳에
   저장한다.
② 처음 3~5일간은 1일 1회 정도 용기를 가볍게 흔들어 준다.
③ 3개월 뒤에 개봉하여 약재를 건져 내고, 건져 낸 약재의 1/5 정도를 다시 용기에
   넣어 밀봉하여 시원한 곳에 저장한다.
④ 6개월 뒤에 완전 개봉하여 여과지에 걸러서 보관하며 복용한다.
⑤ 호박색을 띠며, 약간 씁쓸한 맛의 약술이다.

[효능]

정력을 강화하고 양기를 보해 주며 발기 부전에 효과가 있다. 조혈 회춘(造血回春 : 피
를 만들고 젊게 해 줌) 작용이 있고, 건망증이나
노인성 치매에도 효과적이다.

약재 음양곽

[복용법]

1일 2회 20~30㎖씩 아침저녁으로 식후에 복용
한다.

음양곽

[총론]

- 이명 _ 삼지구엽초, 선령비
- 한약명 _ 음양곽(淫洋藿)

   삼지구엽초의 지상부 전초를 약용으로 이용한다.

   예부터 강정 회춘(强精回春) 약으로서 양(陽)을 강하게 하고 기(氣)를 더해 주어 정력에 좋다고 널리 알려져 있다. 신허(腎虛)로 인한 노인성 치매나 하반신 무력, 권태에도 효과적이다. 음양곽의 최음 작용은 정액 분비를 왕성하게 하는 작용에 의한 것이며, 정낭(精囊)의 충만으로 인한 지각 신경계의 자극에 의해 간접적으로 흥분이 일어나는 것이다. 소변이 잘 나오게 하고 혈압을 낮추며, 저혈압이나 당뇨, 심근경색, 신경쇠약 등에도 효험이 있다. 그대로 차로 만들어 마시거나 술을 담가 먹으면 근골(筋骨)을 강하게 하고 활력을 준다고 하여 예부터 강장약으로 애용되어 왔다.

갈근주

葛根酒, 칡술

식욕 부진, 설사, 불면증, 소화 불량, 혈액 순환 장애 등에 좋은 약술

[재료]

갈근(葛根) 150g(생것 500g) / 설탕 100g / 소주 1,800㎖

[제조 방법]

① 늦가을에서 이른봄 사이에 채취한 전분이 많고 부드러운 암칡을 준비한다.

② 손질한 칡을 용기에 넣고 소주와 설탕을 부어 밀봉하여 시원한 곳에 저장한다.

③ 처음 3～5일간은 1일 1회 정도 용기를 가볍게 흔들어 준다.

④ 3개월 뒤에 개봉하여 약재를 건져 내고, 건져 낸 약재의 1/5 정도를 다시 용기에 넣어 밀봉하여 시원한 곳에 저장한다.

⑤ 6개월 뒤에 완전 개봉하여 여과지에 걸러서 보관하며 복용한다. 여기에 술을 반 정도 더 부어 1년 정도 숙성시키면 더욱 좋다.

[효능]

식욕 부진, 설사, 불면, 혈액 순환 장애, 혈압 조절, 발한, 해열, 당뇨, 구토 등에 효과적이다. 견비통(肩臂痛)과 늑간통(肋間痛)에도 좋다.

약재 갈근

[복용법]

1일 2회 20～30㎖씩 아침저녁으로 식후에 복용한다. 꿀을 약간 넣거나 모과주, 매실주, 칵테일을 첨가해도 좋다.

※ 주의 : 과용하면 위장이 냉해지고, 속이 냉한 사람은 설사나 복통이 나므로 주의할 것.

갈근

[총론]

- 이명 _ 건갈(乾葛), 감갈(甘葛), 분갈(粉葛), 야갈, 칡, 칡뿌리
- 한약명 _ 갈근(葛根 = 칡뿌리), 갈화(葛花 = 칡꽃)

   한방에서는 뿌리를 갈근이라 하고 꽃을 갈화라 하여 두통이나 복통, 이질, 설사, 위장 장애, 강정 등에 이용해 왔으며, 특히 주독(酒毒)을 푸는 데 효과가 좋다. 갈화주(葛花酒)는 숙취와 멀미에 특히 효과적이며, 갈근으로 담근 술은 혈압 조절, 견비통, 가슴이 결리는 증상에 좋다. 어린순으로는 나물을 해 먹거나 쌀과 섞어 칡밥을 지어먹으며, 뿌리로는 즙을 짜 먹고, 잎은 말려서 차로 만들며, '갈용' 이라 하는 어린순은 꺾어 말려 몸의 원기를 돋우는 약으로도 쓴다. 칡덩굴에서 나온 맑은 수액을 받아 작은 잔으로 한두 잔씩 1일 2회 정도 마시면 당뇨에 효과가 좋고, 칡뿌리 생즙은 주독을 풀어 주는 효과가 있다.

개다래술

몸을 따뜻하게 하며 신경통과 불면증, 스트레스 해소에 좋은 약술

[재료]

개다래나무 열매(말린 것) 150g / 설탕 100g / 소주 1,800㎖

[제조 방법]

① 개다래를 깨끗이 씻어 물기를 완전히 제거하여 하루 정도 그늘에 말린다.

② 개다래를 끓는 물에 살짝 데쳐 건져 낸 뒤 2주 이상 완전히 말린다.

③ 준비한 재료를 용기에 넣고 소주와 설탕을 부어 밀봉하여 시원한 곳에 저장한다.

③ 처음 3~5일간은 1일 1회 정도 용기를 가볍게 흔들어 준다.

④ 3개월 뒤에 개봉하여 여과지에 걸러 다시 숙성시킨다.

⑤ 6개월 이상 숙성하여 보관하며 복용한다. 오래 숙성할수록 향이 좋다.

⑥ 노란색을 띠며, 쌉쌀한 맛이 나는 약술이다.

[효능]

보온(保溫)・강장(强壯)・거풍(祛風)・통기(通氣)의 효능이 있다. 수족 냉증, 하복 냉통, 신경통, 산통(疝痛), 경행 불순(經行不順 : 월경 불순), 스트레스 해소, 요통, 불면증, 류머티즘성 관절염 등에도 효과적이다.

약재 개다래

[복용법]

1일 2회 20~30㎖씩 아침저녁으로 식후에 복용한다. 다른 술과 칵테일을 하거나 꿀을 약간 타서 마셔도 좋다.

개다래

[총론]

- 이명 _ 천목실(天木實), 등천료(藤天蓼), 말다래나무, 쥐다래나무
- 한약명 _ 목천료(木天蓼)

개다래의 과실 및 과실에 생긴 벌레주머니를 이용하며, 이를 목천료(木天蓼)라 한다.

보온(保溫)·강장(强壯)·거풍(祛風) 등의 효능이 있어 하복 냉통(下腹冷痛)과 수족 냉증(手足冷症), 요통, 월경 불순, 중풍 등에 이용되고, 진통·해열 작용도 있다. 개다래 열매는 혈액 순환을 돕고 몸을 따뜻하게 하며, 요통이나 류머티즘성 관절염, 요통 등에 효과가 좋다. 민간에서는 술에 담가 목천료주라 하여 몸을 따뜻하게 하는 데 이용해 왔다. 신경통을 다스리며, 강심(强心), 강정(强精)·강장(强壯) 작용을 하고, 불면증이나 스트레스를 푸는 데 도움을 주어 쾌면(快眠)을 돕는다.

우슬주

牛膝酒

슬관절통(膝關節痛), 신경통(神經痛), 하지 무력증(下肢無力症)에 좋은 약술

[재료]

생 우슬(牛膝) 500g(말린 것 150g) / 설탕 100g / 소주 1,800㎖

[제조 방법]

① 우슬을 깨끗이 씻어 하루 정도 말려 용기에 넣고 소주와 설탕을 부어 밀봉하여 시원한 곳에 저장한다.

② 처음 3~5일간은 1일 1회 정도 용기를 가볍게 흔들어 준다.

③ 3개월 뒤에 개봉하여 약재를 건져 내고, 건져 낸 약재의 1/5 정도를 다시 용기에 넣어 밀봉하여 시원한 곳에 저장한다.

④ 6개월 뒤에 완전 개봉하여 여과지에 걸러서 보관하며 복용한다.

⑤ 적갈색을 띠며, 독특한 맛을 지닌 약술이다.

[효능]

무릎 관절통, 신경통, 하지 마비 및 무력증에 효과적이고 혈액 순환을 도우며, 손발 저림에 효과적이다. 다리와 허리, 하복부를 충실하게 하고 힘이 나게 해 주므로 나이가 많아 관절이 약해진 사람에게 효과적이다.

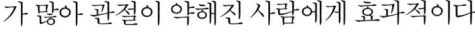

약재 우슬

[복용법]

1일 2회 20~30㎖씩 아침저녁으로 식후에 복용한다.

※ 주의 : 설사, 자궁 출혈이 있거나 임산부는 복용을 금한다.

우슬

[총론]

- 이명 _ 쇠무릎, 쇠무릎지기
- 한약명 _ 우슬(牛膝)

　줄기마디가 소의 무릎처럼 생겨서 우슬이라는 이름이 붙여졌으며, 그 이름
만큼 무릎 질환에 효과가 좋다. 쇠무릎지기의 뿌리를 약용으로 이용한다. 다른
약재들의 기운을 하지 쪽으로 이끌어 주며, 술에 쪄서 이용하면 신장을 강화하
여 근육과 뼈를 강하게 하여 허리나 다리에 힘이 없고 아픈 증상에 좋은 효과
를 나타낸다. 우슬주는 자궁을 흥분시키고 수축을 강하게 한다. 상반신의 피를
아래쪽으로 유인하고 요퇴부의 동통(疼痛)을 줄여 준다. 노인의 보약으로 효과
적이며, 노인성 무력증을 치료한다. 어혈(瘀血)로 인한 통증과 타박상으로 인
한 통증에도 효과가 좋다. 허리 이하의 관절에 좋은 효과를 나타낸다.

오가피주

五茄皮酒

신허 요통(腎虛腰痛), 요각통(腰脚痛 : 허리와 다리의 통증), 하지 무력(下肢無力) 등에 좋은 약술

[재료]

오가피(五茄皮) 150g / 설탕 100g / 소주 1,800㎖

[제조 방법]

① 오가피나무의 줄기와 뿌리 껍질을 벗겨서 잘 말려 3~5㎝ 정도로 썰어 용기에 넣고 소주와 설탕을 부어 밀봉하여 시원한 곳에 저장한다.

② 처음 3~5일간은 1일 1회 정도 용기를 가볍게 흔들어 준다.

③ 3개월 뒤에 개봉하여 약재를 건져 내고, 건져 낸 약재의 1/5 정도를 다시 용기에 넣어 밀봉하여 시원한 곳에 저장한다.

④ 6개월 뒤에 완전 개봉하여 여과지에 걸러서 보관하며 복용한다.

⑤ 오래 숙성시킬수록 좋다.

⑥ 쌉쌀한 맛이 나고, 갈색을 띠며, 독특한 향기를 지닌 약술이다.

[효능]

강장 보정(强壯補精), 건위 정장(健胃整腸), 손발 냉증, 하퇴부가 저릴 때, 요통, 하지 무력에 효과적이다. 『신농본초경』에는 '습기가 많은 지역에 사는 사람이 습(濕)으로 인해 병이 생긴 경우 오가피로 술을 담아 장복(長服)하면 치유된다' 고 하였다.

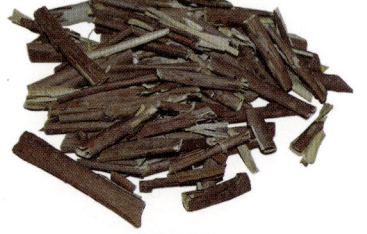

약재 오가피

[복용법]

1일 2회 20~30㎖씩 아침저녁으로 식후에 복용한다.

오가피

[총론]

- 이명 _ 오갈피, 오가피
- 한약명 _ 오가피(五茄皮)

오갈피나무의 뿌리 및 줄기껍질을 약용으로 이용한다.

오가피는 특히 하반신에 작용하여 허리와 다리의 나른함과 통증, 다리에 힘을 줄 수 없는 증상, 가벼운 수종(水腫) 등에 효과적이다. 소아의 발육 부진과 운동 능력 부진에도 효과가 있다. 방사능을 비롯한 화학 물질의 독을 풀어 주기도 한다. 혈액 속의 콜레스테롤 수치와 혈당치를 낮추고 신경 장애를 치료하며, 지구력과 집중력을 키워 주고 뇌의 피로를 풀어 주며, 눈과 귀를 밝게 한다. 또한 성 기능을 높이고 신체 기능에 활력을 주며, 생활습관병을 예방하는 효능이 있다. 항염(抗炎)·진통(鎭痛)·해열(解熱) 작용과 함께 심장 혈관의 기능을 돕는 작용을 한다.

산사주

山査酒

소화 불량, 식욕 부진, 설사 등 위장 질환에 좋은 약술

[재료]

산사(山査) 150g(생것 400g) / 설탕 50g / 소주 1,800㎖

[제조 방법]

① 산사를 깨끗이 다듬어 완전히 말려 용기에 넣고 소주와 설탕을 부어 밀봉하여 시원한 곳에 저장한다.

② 처음 3~5일간은 1일 1회 정도 용기를 가볍게 흔들어 준다.

③ 3개월 뒤에 약재를 건져 내고, 건져 낸 약재의 1/5 정도를 다시 용기에 넣어 밀봉하여 시원한 곳에 저장한다.

④ 6개월 뒤에 완전 개봉하여 여과지에 걸러서 보관하며 복용한다.

⑤ 적갈색을 띠며, 옅은 신맛이 나는 적갈색 약술이다.

[효능]

식욕 부진, 소화 불량, 만성 설사 등 위장 질환에 효과가 있는데, 특히 고기를 먹고 체했을 때 효과적이며, 고기를 먹을 때 반주로 이용하면 소화를 돕는다.

약재 산사

[복용법]

1일 2회 20~30㎖씩 아침저녁으로 식후에 복용한다.

※ 주의 : 변비가 심한 사람은 복용을 금한다.

산사

[**총론**]

• **이명** _ 아가위, 아그배, 질배
• **한약명** _ 산사육(山査肉)

아가위나무의 열매를 약용으로 이용한다.

산사는 건위 소화(健胃消化)의 처방에 없어서는 안 되는 약재로, 소화 불량이나 식욕 부진, 위산 결핍 또는 위산 과다에 이용하며, 설사나 이질, 생리통, 요통, 장 출혈, 산후 오로증 등에도 이용한다. 민간에서는 육류를 요리할 때 산사 몇 알을 넣으면 고기가 부드럽고 연해지며, 과즙은 숙취를 풀어 주므로 술을 좋아하는 사람들이 즐겨 마신다. 젖먹이가 젖을 먹고 체했을 때 즙을 내어 먹이거나 달여서 먹이고, 과식으로 인해 신물이 올라올 때 달여 마시면 잘 듣는다. 심장의 혈액 순환을 좋게 하고, 강심(强心) 작용을 하며, 가슴 두근거림과 부정맥(不整脈)을 진정시키는 데 도움이 된다.

013

사삼주

沙蔘酒

기력(氣力)을 보강하고 기관지 허약을 보하며, 오래된 기침에 좋은 약술

[재료]

생더덕 500g / 설탕 100g / 소주 1,800㎖

[제조 방법]

① 약효는 산더덕의 오래되고 비대한 뿌리에 있다. 가을에서 이듬해 봄 사이에 채취하여 주로 생으로 이용한다.

② 더덕 뿌리를 깨끗이 씻어서 2일 정도 말려 물기를 완전히 제거한 뒤 용기에 넣고 소주와 설탕을 부어 밀봉하여 시원한 곳에 저장한다.

③ 처음 3~5일간은 1일 1회 정도 용기를 가볍게 흔들어 준다.

④ 6개월 이상 숙성하여 그대로 복용한다. 오래 숙성할수록 약효가 좋다.

⑤ 다갈색을 띠며, 독특한 향이 나는 약술이다.

[효능]

기력을 보강하고 기관지 허약을 보하며, 오래된 기침에 효과가 있다. 인후염이나 임파선염(림프샘염), 천식 등에도 효과적이다.

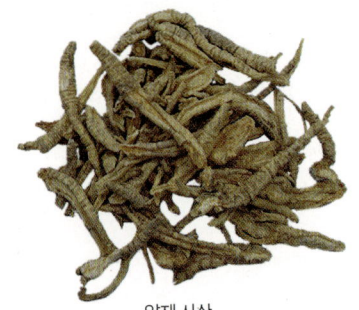

약재 사삼

[복용법]

1일 2회 20~30㎖씩 아침저녁으로 식후에 복용한다.

사삼

[총론]

- 이명 _ 더덕, 양유, 백삼, 양각삼
- 한약명 _ 사삼(沙蔘)

　더덕 뿌리를 약용으로 이용한다.

　고전에는 잔대 뿌리가 사삼으로 나와 있으나 현재는 더덕 뿌리가 사삼으로 통용된다. 예부터 식용과 한약재로 이용해 왔으며, 더덕구이는 특히 유명하다. 더덕술은 뒷맛이 개운하고 향기가 진해 인기가 좋다. 더덕은 폐 기능을 강화하여 자양(滋陽)·생진(生津)·보음(補陰)의 요약(要藥)으로 쓰인다. 또한 폐결핵균을 감멸하는 작용이 있어 폐결핵성 해수(咳嗽)에 효과가 있다. 피 속의 콜레스테롤과 지질 함량을 줄여 주고 혈관을 확장하는 작용이 있으며, 혈압을 낮춰 주기도 한다. 더덕과 다른 약재를 함께 달여 먹으면 항암 효과를 배가시킬 수 있다.

도라지술

길경주, 桔梗酒

천식(喘息), 오래된 기침, 거담(祛痰) 작용에 좋은 약술

[재료]

생 도라지 500g / 꿀 50g / 소주 1,800㎖

[제조 방법]

① 산삼 버금간다는 10년 이상 된 것이 좋다. 최소한 5년근 이상을 준비한다.

② 장갑을 끼고 도라지를 대나무 칼로 잘 다듬는다. 잔뿌리를 떼어 내고 껍질을 벗기지 않은 채로 깨끗이 씻어 2~3일 정도 말려 용기에 넣고 소주와 설탕을 부어 밀봉하여 시원한 곳에 저장한다.

③ 처음 3~5일간은 1일 1회 정도 용기를 가볍게 흔들어 준다.

④ 3개월 이상 지나면 복용할 수 있으나 6개월 이상 숙성하여 약재를 그대로 두고 복용한다. 오래 숙성할수록 좋다

⑤ 담황색을 띠며, 약간 쓴맛이 나는 약술이다.

[효능]

기침을 가라앉히고 가래를 삭혀 준다. 목소리가 쉬거나 인후부가 건조하고 간지러울 때도 효과적이며, 천식과 오래된 기침에도 좋다.

약재 도라지

[복용법]

1일 2회 20~30㎖씩 아침저녁으로 식후에 복용한다. 도라지 특유의 쌉쌀한 맛이 식욕을 돋우어 주므로 반주로도 좋다.

※ 주의 : 도라지는 돼지고기와 상극이므로 함께 먹지 말것.

도라지

[총론]

- 이명 _ 도랏, 경초, 백도라지, 돌개
- 한약명 _ 길경(桔梗)

　도라지 뿌리를 길경이라 하며 약용으로 이용한다.

　맛은 맵고 쓰며, 성질은 평하다. 도라지는 활용 범위가 넓고 효과가 뛰어나서 여러 가지 질병에 이용되는데, 일반 기침이나 천식(喘息), 가래 등을 삭혀 주는 거담(祛痰)・진해(鎭咳) 작용이 있으며, 코막힘이나 감기, 인후염, 편도선염에도 효과가 좋다. 특히 흰 꽃의 도라지 뿌리가 약효가 더 높다. 식전에 마시면 식욕을 돋우어 주고, 식후에 마시거나 반주로 마시면 소화가 잘되고 대소변이 원활하게 나온다. 도라지술은 콧물을 많이 동반한 감기나 항시 가래를 뱉는 사람, 기침이 심한 사람, 입 안이 자주 허는 사람, 갈비뼈 밑이 걸리는 사람, 편도선염에 잘 걸리는 사람에게 좋다.

정향주

丁香酒

복부 냉증, 식욕 부진, 복통(腹痛) 등에 좋은 약술

[재료]

정향(丁香) 75g / 설탕 50g / 소주 1,800㎖

[제조 방법]

① 정향을 깨끗이 다듬어 용기에 넣고 소주와 설탕을 부어 밀봉하여 시원한 곳에 저
　장한다.

② 처음 3~5일간은 1일 1회 정도 용기를 가볍게 흔들어 준다.

③ 3개월 뒤에 약재를 건져 내고, 건져 낸 약재의 1/5 정도를 다시 용기에 넣어 밀봉
　하여 시원한 곳에 저장한다.

④ 6개월 뒤에 완전 개봉하여 여과지에 걸러서 보관하며 복용한다.

⑤ 짙은 갈색을 띠며, 독특한 향기가 나는 약술이다.

[효능]

소화 불량과 식욕 부진에 효과가 있으며, 정력을 강화하는 미약주(媚藥酒)로도 이용
하며, 진통(鎭痛) 효과가 있다.

약재 정향

[복용법]

1일 2회 20~30㎖씩 아침저녁으로 식후에 복
용한다. 향이 강하므로 다른 과일주나 토닉워
터로 희석해서 마셔도 좋다.

정향

[총론]

- 이명 _ 새발사향나무, 산침향, 계설향
- 한약명 _ 정향(丁香)

정향나무의 미숙한 꽃봉오리 말린 것을 약용으로 이용한다.

정향(丁香)은 방향성 건위제(芳香性健胃劑)로, 향기가 진해 서양에서는 주로 향료로 쓰이며 스파이스(spice)로 유명하다. 정향은 위를 따뜻하게 하고 한기(寒氣)를 없애 주며, 소화를 촉진한다. 위액 분비를 촉진하고 위액의 농도를 증가시켜 주기도 한다. 혈전 형성을 억제하고 혈소판의 응집 작용을 강력하게 억제하는 작용이 있으며, 곽란을 멎게 하고 냉복통을 낫게 하며, 허리와 무릎을 따뜻하게 하고 딸꾹질을 멈추게 하며, 주독을 풀고 풍독(風毒)과 각종 종기를 낫게 한다. 식욕 부진이나 헛배부름을 가라앉혀 주는 효과도 있다.

숙지황주

熟地黃酒

보혈 보정(補血補精) 효과가 있고, 손발 냉증, 월경 이상, 어지럼증 등에 좋은 약술

[재료]

숙지황(熟地黃) 300g / 설탕 100g / 소주 1,800㎖

[제조 방법]

① 숙지황을 용기에 넣고 소주와 설탕을 부어 밀봉하여 시원한 곳에 저장한다.

② 처음 3~5일간은 1일 1회 정도 용기를 가볍게 흔들어 준다.

③ 3개월 뒤에 개봉하여 여과지에 걸러서 보관하며 복용한다.

④ 6개월 이상 숙성시키면 검은색을 띤 약간 달콤한 약술이 된다.

[효능]

빈혈, 잦은 피로, 손발 냉증, 병후 보양, 피부에 윤기가 없을 때, 눈이 침침하고 머리가 아픈 경우에 좋다. 조혈(調血)에도 효과적이다.

[복용법]

1일 2회 20~30㎖씩 아침저녁으로 식후에 복용한다.

※ 주의 : 입맛이 없고 소화가 안 되며 설사를 하는 사람은 신중하게 복용해야 한다.

약재 숙지황

지황

[총론]

• 이명 _ 지황, 숙변, 구지황
• 한약명 _ 숙지황(熟地黃)

　숙지황은 특히 술에 담갔다가 쪄서 말리는 과정을 아홉 번 되풀이해 만든 것을 구지황이라 하여, 그 약효를 으뜸으로 친다. 맛은 달면서도 약간 쓰고 따뜻한 성질이 있으며, 사물탕(四物湯) 및 육미지황탕(六味地黃湯)의 주요 약재다. 각종 만성 질환 중 몸이 허약하여 나타나는 내열(內熱)이나 인후 건조(咽喉乾燥), 갈증 등의 증상에 쓰인다. 또 쇠약해진 심장을 강하게 해 주는 강심 작용(强心作用)이 뚜렷하기 때문에 양혈(養血)이나 보혈(補血), 정혈(淨血)에 적당하다. 숙지황은 온화한 약이므로 오랫동안 복용해도 부작용이 없고, 허약한 사람에게 효과가 좋다.

황기주

黃芪酒

기력(氣力)을 보강하고 양기를 보해 주며 빈혈, 사지 무력(四肢無力), 관절통(關節痛)에 좋은 약술

[재료]

황기(黃芪) 150g / 설탕 50g / 소주 1,800㎖

[제조 방법]

① 황기는 5년근 이상의 굵고 속살이 꽉 찬 잘 건조된 국산을 골라 얇게 썰어서 이용
  한다.
② 황기를 용기에 넣고 소주와 설탕을 부어 밀봉하여 시원한 곳에 저장한다.
③ 처음 3~5일간은 1일 1회 정도 용기를 가볍게 흔들어 준다.
④ 6개월 뒤에 개봉하여 약재를 그대로 두고 복용해도 좋고, 오래 숙성시키면 더욱
  좋다.
⑤ 맑은 황갈색을 띠며, 담백한 맛의 은은한 향이 나는 약술이다.

[효능]

빈혈, 사지 무력, 도한증(盜汗症 : 수면 중에는 땀이 나오다 깨어나면 점차 멎는 증상), 초
기 감기, 관절통에 효과가 있으며, 정력을 강화하고 양기를 보강해 준다.

약재 황기

[복용법]

1일 2회 20~30㎖씩 아침저녁으로 식후에
복용한다.

황기

[총론]

- 이명 _ 단너삼, 황초, 양육, 황계
- 한약명 _ 황기(黃芪)

　단너삼의 뿌리를 약용으로 이용한다.

　3년 이상된 뿌리를 캐어 껍질을 벗겨 말린 것을 황기라 하며, 한방에서는 보기약(補氣藥)으로 원기(元氣)를 돋우는 데 널리 쓰고, 발한 조절제(發汗調節劑)로 자주 이용한다. 심장을 강하게 하고 이뇨를 돕는 작용도 있어 주로 심장 쇠약이나 호흡 곤란, 산전·산후의 병에 좋은 효과가 있으며, 기운을 나게 하고, 소화를 도와 식욕을 돋운다. 활혈(活血) 작용이 있어 혈액 순환을 원활하게 하고, 소염(消炎) 작용이 있어 여러 가지 종기(腫氣)에도 이용한다. 민간에서는 어린이나 부인들이 큰 병을 앓고 난 뒤 땀을 많이 흘리고 기력이 쇠해졌을 때 인삼·대추·황기를 닭과 함께 푹 고아 먹으면 기력을 회복하는 데 도움이 된다.

당귀주

當歸酒

피로 회복, 산후 회복, 보혈(補血), 부인병, 식욕 증진에 좋은 약술

[재료]

당귀(當歸) 150g / 설탕 100g / 소주 1,800㎖

[제조 방법]

① 토당귀를 이용하면 효능이 좋고, 일당귀를 이용하면 맛이 좋다.
② 당귀를 깨끗이 씻어 완전히 말린 뒤 얇게 썰어 용기에 넣고 소주와 설탕을 부어
　 밀봉하여 시원한 곳에 저장한다.
③ 처음 3~5일간은 1일 1회 정도 용기를 가볍게 흔들어 준다.
④ 3개월 뒤에 개봉하여 약재를 건져 내고, 건져 낸 약재의 1/5 정도를 다시 용기에
　 넣어 밀봉하여 시원한 곳에 저장한다.
⑤ 6개월 뒤에 완전 개봉하여 여과지에 걸러서 보관하며 복용한다.
⑥ 진한 갈색을 띠며, 독특한 향기가 나는 약술이다.

[효능]

보혈, 피로 회복, 산후 회복, 월경 불순, 복통, 가벼운 변비, 두통 등에 효과가 있다.

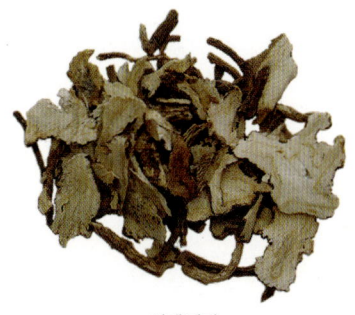

약재 당귀

[복용법]

1일 2회 20~30㎖씩 아침저녁으로 식후에 복용
한다. 독특한 향이 있으므로 기호에 따라 꿀을
넣거나 향이 없는 술과 섞어 마셔도 좋다.

당귀

[총론]

- 이명 _ 승검초, 신감초
- 한약명 _ 당귀(當歸)

　승검초 뿌리를 말려서 약용으로 이용한다.

　당귀는 일당귀와 참당귀(승검초) 두 가지가 있는데, 성분은 약간 다르지만 용도는 같다. 한방 약재 가운데 대표적인 보혈(補血)·화혈(和血) 약으로, 자궁 기능을 조절하는 작용을 하기 때문에 부인병의 약재로 많이 쓰인다. 또한 혈액 순환을 촉진하고 체내 저항력을 높이며, 배변을 원활하게 해 준다. 진정(鎭靜)·진통(鎭痛) 효과가 있고, 불면(不眠)이나 정신 불안 등의 증상에도 이용한다. 당귀는 부위를 구별하여 사용하는데, 몸통 부분은 보혈(補血)을 해 주고, 잔뿌리는 어혈(瘀血)을 풀어 주며, 머리인 노두 부분은 지혈(止血) 작용을 하며, 전체적으로는 혈액 순환을 활발하게 하는 화혈(和血) 작용을 한다.

둥굴레술

황정주, 黃精酒

자양 강장(滋養强壯), 허약 체질, 잦은 피로, 병후 회복기에 좋은 약술

[재료]

황정(黃精) 200g / 설탕 100g / 소주 1,800㎖

[제조 방법]

① 황정을 깨끗이 씻어 살짝 쪄서 완전히 말려 다시 볶아 잘게 썰어 용기에 넣고 소주와 설탕을 부어 밀봉하여 시원한 곳에 저장한다.

② 처음 3~5일간은 1일 1회 정도 용기를 가볍게 흔들어 준다.

③ 3개월 뒤에 개봉하여 약재를 건져 내고, 건져 낸 약재의 1/5 정도를 다시 용기에 넣어 밀봉하여 시원한 곳에 저장한다.

④ 6개월 뒤에 완전 개봉하여 여과지에 걸러서 보관하며 복용한다.

⑤ 흑갈색을 띠며, 구수하고 독특한 향기가 나는 약술이다.

[효능]

강장 · 강정, 당뇨, 소변 불통(小便不通), 심장병, 허약 체질, 해열, 풍(風), 폐 기능 강화, 병후 회복에 효과적이다.

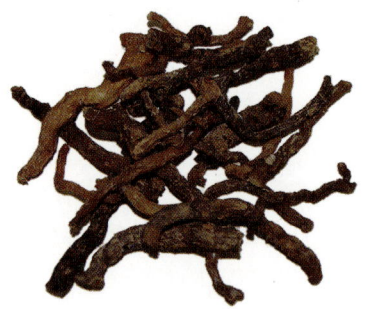

약재 둥굴레

[복용법]

1일 2회 20~30㎖씩 아침저녁으로 식후에 복용한다.

둥굴레

[총론]

• 이명 _ 죽대뿌리, 대잎둥굴레, 둥굴레, 옥죽
• 한약명 _ 황정(黃精)

죽대 또는 둥굴레 뿌리를 약용으로 이용한다.

황정(黃精)은 보통 둥굴레 속에 해당하는 여러 종의 식물을 통틀어 말하는데, 일반적으로 둥굴레 또는 한약명 그대로 황정이라고 한다. 어린잎은 나물로 먹고, 뿌리는 구워 먹거나 쪄서 먹는다. 오랫동안 먹으면 피부색이 좋아지고 장수한다고 한다. 자양 강장(滋養强壯)이나 허로 발열(虛勞發熱), 강심, 혈당 저하, 혈압 강하 작용 등 여러 가지 증상에 이용되고 있다. 황정주를 오랫동안 마시면 늙지 않고 장수한다 하여 선인주(仙人酒)라고도 하며, 생활습관병 예방과 혈액 순환, 병후 허약, 자양 강장, 위장 · 비장 · 간장 등을 보하며, 보신(補腎) · 보혈(補血)한다.

맥문동주

麥門冬酒, 여문주, 女門酒

모든 장기(臟器)의 기능을 활발하게 하고, 정기(精氣)를 넘치게 하는 약술

[재료]

맥문동(麥門冬) 500g(생것) / 설탕 50g / 소주 1,800㎖

[제조 방법]

① 맥문동을 깨끗이 씻어 4~5일 정도 반건조하여 용기에 넣고 소주와 설탕을 부어
　밀봉하여 시원한 곳에 저장한다.
② 처음 3~5일간은 1일 1회 정도 용기를 가볍게 흔들어 준다.
③ 3개월 뒤에 약재를 건져 내고, 건져 낸 약재의 1/5 정도를 다시 용기에 넣어 밀봉
　하여 시원한 곳에 저장한다.
④ 6개월 뒤에 완전 개봉하여 여과지에 걸러서 보관하며 복용한다.
⑤ 맑은 갈색을 띠며, 독특한 향기를 지닌 담백한 맛의 약술이다.

[효능]

강장(强壯)·강심(强心)·진해(鎭咳)·이뇨(利尿)·소염(消炎) 효과가 있다. 맥문동을
복용하면 각 장기(臟器)의 기능이 활발해지고 정기가 넘친다. 위(胃)·간(肝)·장
(腸)·폐(肺) 기능을 조절하여 기(氣)를 안정시
켜 주므로 몸이 강장 체질로 바뀌게 된다.

약재 맥문동

[복용법]

1일 2회 20~30㎖씩 아침저녁으로 식후에 복용
한다.

맥문동

[총론]

• 이명 _ 맥동, 맥문동초, 겨우살이풀
• 한약명 _ 맥문동(麥門冬)

　맥문동의 연주상의 뿌리를 약용으로 이용한다.

　맥문동은 강장 작용을 하고 폐장 기능을 도우며, 기력은 돋우는 효과가 좋다. 원래 맥문동은 기운이 허약하거나 위장이 냉한 사람에게는 좋지 않다고 하는데, 약술로 이용하면 문제가 없다. 폐가 맑아지고 양기가 되살아나므로 폐에 열이 많고 가래가 많아 기침이 심하고 입 안이 잘 마르며 목이 말라 갈증이 날 때 맥문동주를 담가 먹으면 효과가 좋다. 또한 맥문동주를 마시면 피부가 윤택해지고 모발이 생겨나며 낙발(落髮)이 되지 않는다. 피부 미용에도 좋아 여성에게 효과가 커서 일명 여문주(女門酒)라고도 불린다. 몸을 젊게 해 주는 불로강정주(不老强精酒)이다.

사상자주

蛇床子酒

성 (性) 기능 감퇴, 피로 회복, 발기 부전에 좋은 약술

[재료]

사상자(蛇床子) 150g / 설탕 100g / 소주 1,800㎖

[제조 방법]

① 사상자를 깨끗이 씻어 흙이나 먼지를 제거한 뒤 그늘에 완전히 말려 이용한다.

② 준비한 재료를 용기에 넣고 소주와 설탕을 부어 밀봉하여 시원한 곳에 저장한다.

③ 처음 3~5일간은 1일 1회 정도 용기를 가볍게 흔들어 준다.

④ 3개월 뒤에 개봉하여 약재를 건져 내고, 건져 낸 약재의 1/5 정도를 다시 용기에
   넣어 밀봉하여 시원한 곳에 저장한다.

⑤ 6개월 뒤에 완전 개봉하여 여과지에 걸러서 보관하며 복용한다.

⑥ 황갈색을 띠며, 독특한 향기가 나는 약술이다.

[효능]

성 기능 감퇴, 피로, 발기 부전 등에 효과가 있는 흥분성 강장제(强壯劑)이며, 관절통

과 요통에 좋고 남성들의 음위(陰萎 : 성교 불능
증)나 낭습(囊濕 : 배꼽 아래 몸체, 즉 고환에 원인 모
를 땀이 많이 나는 증상)에 효과적이다.

[복용법]

1일 2회 20~30㎖씩 아침저녁으로 식후에 복용
한다.

약재 사상자

사상자

[총론]

- 이명 _ 사미, 뱀도랏, 배암도랏
- 한약명 _ 사상자(蛇床子)

　뱀도랏의 성숙한 씨앗을 약용으로 이용한다.

　사상자는 거풍 제습(去風除濕), 강양 익음(强陽益陰)의 요약(要藥)이다. 홍분성 강장제이며, 관절통과 요통에 좋고 남성들의 음위(陰萎)나 낭습(囊濕)에 효과적이며, 여성들의 음문소양증(陰門搔痒症 : 외음부나 질 안쪽 부분이 가려운 증상. 음부 소양증이나 외음 소양증이라고도 함) 등에 이용한다. 예부터 부인들의 음부 질환에 사용하였는데, 소염제나 가려움을 없애 주는 외용약과 연고로도 쓰여 왔다. 사상자에는 남성 호르몬과 같은 효능이 있다. 민간에서는 전초를 소화 건위제나 류머티즘성 관절염 약, 이뇨약 등으로 달여서 사용한다.

토사자주

兎絲子酒

노화 방지, 신허 요통, 하반신 무력감에 좋은 약술

[재료]

토사자(兎絲子) 150g / 설탕 100g / 소주 1,800㎖

[제조 방법]

① 토사자를 채취하여 잘 말린 뒤 막걸리에 버무려 살짝 쪄서 완전히 말려 이용한다.

② 준비한 재료를 용기에 넣고 소주와 설탕을 부어 밀봉하여 시원한 곳에 저장한다.

③ 처음 3～5일간은 1일 1회 정도 용기를 가볍게 흔들어 준다.

④ 3개월 뒤에 개봉하여 약재를 건져 내고, 건져 낸 약재의 1/5 정도를 다시 용기에
   넣어 밀봉하여 시원한 곳에 저장한다.

⑤ 6개월 뒤에 완전 개봉하여 여과지에 걸러서 보관하며 복용한다.

⑥ 갈색을 띠며, 약간 매운맛과 텁텁한 맛이 나는 약술이다.

[효능]

노화 방지, 신허 요통(腎虛腰痛), 하반신 무력감에 효과가 있고, 조루(早漏)나 유정(遺
精), 강정(强精)에도 효과적이며, 정력 보강주(精力補强酒)로 많이 이용된다.

약재 토사자

[복용법]

1일 2회 20～30㎖씩 아침저녁으로 식후에 복
용한다.

※ 주의 : 음허화왕(陰虛火旺 : 음이 부족하고 화가 왕
   성함), 소변이 적색이거나 대변이 건조한 사람은
   복용에 주의할 것.

토사자

[총론]

- 이명 _ 실새삼, 금등등, 무근초
- 한약명 _ 토사자(兎絲子)

실새삼의 성숙한 씨앗을 약용으로 이용한다.

토사자는 복분자와 더불어 정력 보강제로 많이 쓰는 약재다. 성선(性腺)을 보강하고, 슬관절과 요통에 효과적이다. 거풍명목(去風明目)과 강근건골(强筋健骨)의 효능이 있고, 부인들이 쓰면 기미를 없애 주고 피부를 아름답게 해 준다고 한다. 노인의 체력이 쇠하는 것을 보강해 주고 태아(胎兒)를 보호하며, 습관성 유산을 막아 준다. 골수(骨髓)를 보(補)하고, 허리와 무릎이 시린 증상이나 냉병에 좋고, 소갈증(消渴症)이나 유정(遺精), 몽설(夢泄 : 꿈을 꾸는 중에 정액이 배설되는 병증)에 좋은 효과가 있다.

오디술

상심자주, 桑椹子酒

신기(腎氣)를 보강하여 정력을 길러 주고 눈과 귀를 밝게 하며, 노화 방지에 좋은 약술

[재료]

오디 1,000g / 설탕 500g / 소주 1,800㎖

[제조 방법]

① 신선한 오디를 따서 깨끗이 손질하여 용기에 오디와 설탕을 층층이 넣고 그 위에 소주를 부은 다음 뚜껑을 가볍게 덮어 시원한 곳에 저장한다.
② 처음 3~5일간은 1일 1회 정도 용기를 가볍게 흔들어 준다. 설탕이 밑으로 가라앉으므로 한번씩 아래까지 저어 준다.
③ 1개월 정도 지나 설탕이 완전히 녹으면 밀봉하여 저장한다.
④ 3개월 뒤 건더기는 건져 내고 술만 받아 밀봉하여 저장한다.
⑤ 6개월 뒤에 완전 개봉하여 여과지에 걸러서 보관하며 복용한다.
⑥ 흑갈색을 띠며, 독특한 향이 나는 맛있는 약술이다.

[효능]

노인성 관절염, 치매 예방, 정력 보강, 갈증 해소, 신기를 보강하여 정력을 길러 준다. 눈과 귀를 밝게 하고 흰머리가 생기는 것을 막아 주며, 저항력을 높이고 노화를 막아 준다.

약재 오디

[복용법]

1일 2회 20~30㎖씩 아침저녁으로 식후에 복용한다.

오디

[**총론**]

- 이명 _ 뽕나무, 오디나무
- 한약명 _ 상심자(桑椹子 = 뽕나무 열매)

　오디는 뽕나무 열매로, 포도당과 사과산이 들어 있어 여름에 더위를 먹었거나 빈혈 증상이 있을 때 마시면 효과가 좋다. 자양 강장 효과가 뛰어나고, 신허로 인한 어지럼증과 귀울음 증상을 풀어 주며, 몸속의 체액 생성을 촉진하여 열병 후 갈증과 변비에 효과가 좋다. 즙을 내어 마시면 주독을 풀어 주고 정신을 맑게 한다. 꾸준히 마시면 흰머리가 생기는 것을 막아 주고 저항력을 높여 주며, 노화를 막아 준다. 신기(腎氣)를 보강하여 정력을 길러 주고 눈과 귀를 밝게 하며, 몸속의 중금속을 해독해 준다. 진액(津液)을 생성하고 장을 윤택하게 하는 효능이 있어 갈증을 풀어 주고, 불면증(不眠症), 동맥경화, 당뇨병 등에도 이용된다.

두충주

杜沖酒

신 허 요 통 (腎虛腰痛), 신 경 통 , 관 절 염 에 좋 은 약 술

[재료]

두충(杜沖) 150g / 설탕 100g / 소주 1,800㎖

[제조 방법]

① 잘게 썬 두충을 약간 검게 볶아서 사용한다.

② 두충을 용기에 넣고 소주와 설탕을 부어 밀봉하여 시원한 곳에 저장한다.

③ 처음 3~5일간은 1일 1회 정도 용기를 가볍게 흔들어 준다.

④ 3개월 뒤에 개봉하여 약재를 건져 내고, 건져 낸 약재의 1/5 정도를 다시 용기에 넣어 시원한 곳에 보관한다.

⑤ 6개월 뒤에 완전 개봉하여 여과지에 걸러서 보관하며 복용한다.

⑥ 짙은 적갈색을 띠며, 특이한 향기를 지닌 약술이다.

[효능]

신경통, 근육통, 관절염, 각기(脚氣), 이뇨, 발작성 복통, 비출혈(鼻出血 : 코출혈, 코피) 등에 효과가 있으며, 특히 요통의 명약(名藥)이다.

약재 두충

[복용법]

1일 2회 20~30㎖씩 아침저녁으로 식후에 복용한다.

두충

[총론]

- 이명 _ 들중나무, 두중
- 한약명 _ 두충(杜沖)

두충나무의 줄기껍질을 약용으로 이용한다.

두충은 오래 전부터 많이 알려진 약초로, 허리를 치료하는 효과가 매우 뛰어나다. 실제로 두충은 양기(陽氣)를 살리는 약으로, 허리 아랫부분이 차갑거나 허리와 무릎이 자주 아프고 하체가 연약해 보행이 곤란한 경우, 발기 부전 증세가 있는 사람에게 적당하다. 자양 강장제로, 혈압을 조절하고 진정 작용을 하며, 요통과 요각통에 많이 쓰인다. 타박상과 만성 류머티즘성 관절염에도 효과가 좋다. 줄기껍질에 약효가 있으며, 최근에는 두충잎이 혈압을 낮추고 피 속의 콜레스테롤 수치를 낮춰 준다는 효능이 알려지면서 건강 약차로 많이 이용되고 있다. 작용이 온화하여 오랫동안 복용해도 부작용이 없다.

익모초주

益母草酒

산후 회복(産後回復), 경행 불순(經行不順), 경행 복통(經行腹痛) 등 부인병(婦人病)에 좋은 약술

[재료]

익모초(益母草) 150g(생것 500g) / 설탕 100g / 소주 1,800㎖

[제조 방법]

① 채취한 익모초를 깨끗이 씻어 그늘에서 5일 정도 말린다.

② 반건조되면 적당한 크기로 썰어 완전히 말려 용기에 넣고 소주와 설탕을 부어 밀봉하여 시원한 곳에 저장한다.

③ 처음 3~5일간은 1일 1회 정도 용기를 가볍게 흔들어 준다.

④ 3개월 뒤에 개봉하여 약재를 건져 내고, 건져 낸 약재의 1/5 정도를 다시 용기에 넣어 밀봉하여 시원한 곳에 저장한다.

⑤ 6개월 뒤에 완전 개봉하여 여과지에 걸러서 보관하며 복용한다.

⑥ 갈색을 띠며, 쓴맛이 일품인 약술이다.

[효능]

경행 불순, 경행 복통, 산후 회복, 식욕 부진, 자궁 발육 부전 등 부인병에 효과가 있다.

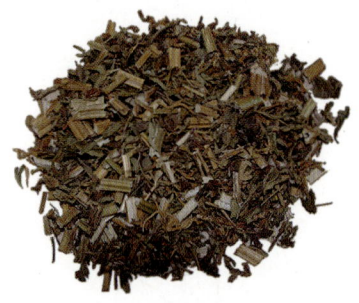

약재 익모초

[복용법]

1일 2회 20~30㎖씩 아침저녁으로 식후 복용한다.

※ 익모초를 가마솥에 넣고 물을 넉넉히 부어 뭉근한 불에 오랫동안 고아 고약처럼 만들어 두고 따뜻한 물이나 술에 타서 마셔도 좋다.

익모초

[총론]

• 이명 _ 육모초, 암눈비앗, 충위, 충울자
• 한약명 _ 익모초(益母草)

익모초는 지상부 전초를 말하고, 충울자는 익모초의 씨앗을 말한다.

'어머니를 이롭게 도와준다'는 말뜻처럼 산전(産前)·산후(産後) 부인들의 보약으로 잘 알려져 있으며, 꽃이 피기 전인 5~6월에 줄기를 베어 그늘에 말려 이용한다. 출산 후에 자궁 수축에 좋고, 분비물이 빨리 멎게 하며, 월경을 조절해 준다. 유방암이나 자궁암에도 이용되며 여성의 냉한 몸을 따뜻하게 하고, 식욕 부진에도 효과가 있다. 예부터 여성이 한평생 아프지 않고 남편에게 사랑받으려면 매일 밤 기분 좋게 익모초주를 마신 뒤 잠자리에 들면 된다고 했다. 종자(충울자)는 신장염으로 생긴 부종을 막아 주고, 시력이 저하되는 것을 막아 준다.

이꽃술

홍화주, 紅花酒

혈액 순환 장애, 타박 어혈(打撲瘀血), 부인병에 좋은 약술

[재료]

홍화(紅花) 100g / 설탕 100g / 소주 1,800㎖

[제조 방법]

① 홍화를 물에 살짝 씻어서 1주일 정도 그늘에 완전히 말린다. 홍화는 물에 빨리 씻
   어 내는 것이 좋다.
② 홍화를 용기에 넣고 소주와 설탕을 부어 밀봉하여 시원한 곳에 저장한다.
③ 처음 3~5일간은 1일 1회 정도 용기를 가볍게 흔들어 준다.
④ 3개월 뒤에 개봉하여 약재를 건져 내고, 건져 낸 약재의 1/5 정도를 다시 용기에
   넣어 밀봉하여 시원한 곳에 저장한다.
⑤ 6개월 뒤에 완전 개봉하여 여과지에 걸러서 보관하며 복용한다.
⑥ 진한 적갈색을 띠며, 쓰고 독특한 맛을 지닌 약술이다.

[효능]

혈액 순환을 촉진하고 전신 어혈(全身瘀血)을 풀어 주며, 여성들의 부인병 예방과 월
경통, 골다공증에 효과가 있다.

약재 홍화

[복용법]

1일 2회 20~30㎖씩 아침저녁으로 식후에 복용
한다. 색과 맛이 진하므로 꿀을 타거나 희석해
서 마셔도 좋다.

이꽃

[총론]

• 이명 _ 홍람(紅藍), 이꽃, 잇나물, 홍화채
• 한약명 _ 홍화(紅花)

홍화 꽃(홍화)과 홍화 씨앗(홍화자)을 약용으로 이용한다.

홍화는 어혈(瘀血) 및 담통(痰痛), 신경통에 쓰이고, 파혈(破血)·활혈(活血) 작용이 있으며, 열매(홍화자)는 퇴행성 관절염(退行性關節炎)이나 골다공증(骨多空症), 골절(骨折), 약한 뼈, 골수염(骨髓炎) 등에 효과가 좋다. 홍화의 어린순은 나물로 무쳐 먹으며, 꽃은 통째로 따서 말려 차나 술에 타 먹으면 향긋한 향기와 꽃의 아름다움이 그대로 유지된다. 씨는 잘 말려서 깨처럼 살짝 볶아 먹으면 부러진 뼈 부위가 잘 아문다. 씨앗에서 추출한 홍화유(紅花油)는 미국이나 유럽에서 동맥경화와 비만, 노화 방지 식품으로 인기가 있다.

홍화씨술

紅花子酒

여성의 갱년기 장애, 경행 요통, 골다공증 등에 효과적인 약술

[재료]

홍화씨(紅花子) 150g / 설탕 100g / 소주 1,800㎖

[제조 방법]

① 홍화씨를 깨끗이 씻어 완전히 말려 살짝 볶아서 설탕과 소주와 함께 용기에 넣고
　밀봉하여 시원한 곳에 저장한다.
② 처음 3~5일간은 1일 1회 정도 용기를 가볍게 흔들어 준다.
③ 3개월 뒤에 개봉하여 약재를 건져 내고, 건져 낸 약재의 1/5 정도를 다시 용기에
　넣어 밀봉하여 시원한 곳에 저장한다.
④ 6개월 뒤에 완전 개봉하여 여과지에 걸러서 보관하며 복용한다.

[효능]

여성의 갱년기 장애, 경행 요통(經行腰痛), 관절통, 골다공증에 효과가 좋다.

[복용법]

1일 2회 20~30㎖씩 아침저녁으로 식후에 복용
한다.

약재 홍화씨

홍화

[총론]

- 이명 _ 홍람(紅藍), 이꽃, 잇나물, 홍화채
- 한약명 _ 홍화자(紅花子)

　홍화씨는 차로도 이용하는데, 홍화씨를 노릇노릇하게 볶아서 물 1.8ℓ에 홍화씨 20g 정도를 넣고 보리차처럼 끓여서 음료로 이용하면 된다. 골다공증 예방과 요통, 신경통 등에 효과가 있다. 홍화유는 미국과 유럽에서 먼저 연구되어 이용되고 있는데, 혈관을 뚫어 주는 효능이 있다. 홍화유처럼 식물성 기름으로 만든 음식을 섭취하면 혈관 질환을 예방하고 치료하는 데 효과를 볼 수 있을 것이다. 한편, 뼈가 부러지거나 금이 갔을 때 홍화씨 분말을 복용하는 경우가 많은데, 이때는 홍화씨 분말을 소화시키는 데 문제가 없는지를 먼저 확인할 것. 소화 기능이 약한 사람은 복용에 주의하고, 차로 끓여 마시거나 다른 약재를 가미하여 환약으로 복용하는 것이 좋다.

솔잎술(솔방울술)

송침주, 松針酒

심장병, 당뇨, 고혈압 등의 생활습관병 치료와 예방, 강정(强精) 효과가 좋은 약술

[재료]

말린 솔잎 150g(생것 500g) / 설탕 100g / 소주 1,800㎖

[제조 방법]

① 10월경에 채취한 솔잎을 손질하여 용기에 넣고 소주와 설탕을 부어 밀봉 저장한다.

② 처음 3~5일간은 1일 1회 정도 용기를 가볍게 흔들어 준다.

③ 3개월 뒤에 개봉하여 약재를 건져 내고, 건져 낸 약재의 1/5 정도를 다시 용기에
　넣어 밀봉하여 시원한 곳에 저장한다.

④ 6개월 뒤에 완전 개봉하여 여과지에 걸러서 보관하며 복용한다.

⑤ 진한 적갈색을 띠며, 독특한 향기가 나는 약술이다.

[효능]

강장(强壯) 작용을 하며, 당뇨, 고혈압, 각기병, 관절통, 심근경색 등에 효과적이다.

[복용법] 1일 2회 20㎖씩 아침저녁으로 식후에 복용한다.

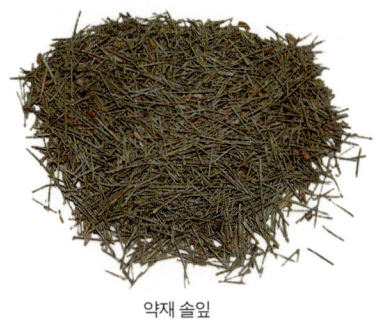

약재 솔잎

솔방울술

[재료] 솔방울 500g / 설탕 200g / 소주 1,800㎖

[제조 방법] 7~8월경 채취한 밤톨만 한 솔방울
을 깨끗이 씻어 물기를 완전히 제거하여 솔방울에
설탕을 부어 뚜껑을 덮고 자주 저어 주면서 1개월
간 두었다가 설탕이 완전히 녹으면 소주를 부어 밀
봉하여 저장한다.

소나무

[총론]

- 이명 _ 솔잎, 송엽
- 한약명 _ 송진(松脂), 송화(松花), 송엽(松葉), 송절(松節)

솔잎술은 약간 독한 편이기 때문에 남성들에게 잘 어울린다. 그러므로 연한 약술과 섞거나 물을 타서 마셔도 좋다. 과거에는 불로장생주(不老長生酒)로 즐겨 복용하였으며, 요통 및 관절통에 효과가 있고, 고혈압과 생활습관병 예방에도 도움이 된다. 솔잎은 몸속의 콜레스테롤 수치를 낮춰 주고 말초 신경을 확장시켜 호르몬 분비를 높이는 등 몸의 조직을 깨우는 역할을 하므로 심근경색에도 효과적이다. 신경 안정 효과가 있어 감기 예방과 치료에도 도움을 준다. 담배 유해 물질인 니코틴 독을 제거하고, 소화기의 기능도 높여 준다. 솔방술과 솔잎술은 효능이 거의 비슷하다.

영지주

靈芝酒

불면증, 당뇨병, 저혈압, 동맥경화 등의 생활습관병 치료와 예방에 좋은 약술

[재료]

영지버섯 2개(중간 크기, 총 무게 150g 이내) / 설탕 100g / 소주 1,800㎖

[제조 방법]

① 영지버섯을 깨끗이 손질하여(씻으면 안 됨) 용기에 넣고 설탕과 소주를 부어 밀봉
   하여 시원한 곳에 저장한다.
② 처음 3~5일간은 1일 1회 정도 용기를 가볍게 흔들어 준다.
③ 6개월 뒤에 영지는 건져 내고, 술은 여과지에 걸러서 보관하며 복용한다.
④ 맑은 황갈색을 띠며, 쓰고 독특한 맛이 나는 약술이다.

[효능]

강장(强壯) · 진정(鎭靜)효과가 좋으며, 항암 작용을 한다. 불면증이나 당뇨병, 저혈
압, 동맥경화, 항암, 식욕 부진 등 생활습관병의 치료와 예방에 효과적이다.

[복용법]

1일 2회 20~30㎖씩 아침저녁으로 식후에 복용한다. 맛이 쓰고 강하므로 꿀을 첨가
하거나 다른 연한 술과 섞어 마셔도 좋다.

약재 영지

영지버섯

[총론]

- 이명 _ 불로초, 지초, 만년버섯
- 한약명 _ 영지(靈芝)

　영지는 담자균류 민주름목 구멍장이버섯과의 버섯으로 지초나 불로초(不老草)라고도 불린다. 맛은 쓰고 성질은 평하며, 심(心) · 비(脾) · 폐(肺) · 간경(肝經)에 작용하여 장기들의 기(氣)를 보(補)하고 근골(筋骨)을 튼튼하게 한다. 강장 · 진정제로 불면증이나 고혈압, 당뇨, 저혈압, 동맥경화, 항암제 등으로 쓰이며, 생활습관병 치료에 효과가 있다. 요즘에는 주로 인공 재배에 의해 공급된다. 영지주는 기혈 허약증(氣血虛弱症)이나 불면증, 간염, 고혈압, 동맥경화, 만성 기관지염, 협심증, 빈혈, 뇌진탕으로 인한 후유증, 갑상선 기능 항진에 좋다. 모든 영지는 피를 맑게 하고 해독 작용을 하며 호르몬을 조절해 준다. 최근에는 영지에 항암 작용이 있다고 밝혀졌다.

박하주

薄荷酒

건위(健胃), 입냄새 제거, 식욕 증진 효과가 있는 약술

[재료]

박하(薄荷) 300g(생것) / 설탕 100g / 소주 1,800㎖

[제조 방법]

① 박하잎과 줄기를 깨끗이 씻어 완전히 말려 용기에 넣고 소주와 설탕을 부어 밀봉
   하여 시원한 곳에 저장한다.
② 처음 3~5일간은 1일 1회 정도 용기를 가볍게 흔들어 준다.
③ 3개월 뒤에 여과지에 걸러서 시원한 곳에 저장한다.
④ 3개월 뒤부터 마실 수 있으나 6개월 이상 숙성하는 것이 좋다.
⑤ 담황색을 띠며, 산뜻한 향이 일품인 약술이다.

[효능]

건위(健胃), 입냄새 제거, 식욕 증진에 효과가 있고, 고기나 생선구이를 먹은 뒤 입가
심에 좋다. 또한 박하술은 심한 두통을 빨리 해소해 주고 피로를 풀어 주며, 마음을
상쾌하게 하고 스트레스를 푸는 데 효과적이다. 코감기나 재채기감기에 걸렸거나
가래가 많은 사람에게도 좋다.

약재 박하

[복용법]

1일 2회 20~30㎖씩 아침저녁으로 식후에 복
용한다. 향이 좋아 다른 술과 칵테일용으로 많
이 이용된다.

박하

[**총론**]

- 이명 _ 영생이, 박가, 번하채, 야식향
- 한약명 _ 박하(薄荷)

박하의 지상부 전초를 약용으로 이용한다.

박하는 맛이 맵고 성질은 서늘하다. 풍열을 없애고 진통 작용을 한다. 박하 잎에서 추출되는 독특한 맛과 향기는 사탕이나 기름의 원료로 이용되고, 껌이나 담배에도 이용된다. 또한 박하에는 멘톨유가 함유되어 있어서 구풍약(救風藥)이나 청향제(淸香劑), 화장품, 음료 등에도 이용된다. 해열(解熱)·건위(健胃), 축농증(蓄膿症), 두통 등에 효과가 있고, 발한 작용을 하며, 관절을 이롭게 한다. 박하주를 마시면 몸이 가볍고 마음과 정신이 상쾌해지며 소화가 잘되고, 가벼운 두통이 사라진다.

030

쑥술

애엽주, 艾葉酒

여성 질환에 잘 듣고 건위(健胃), 정장(整腸), 식욕 증진, 진정(鎭靜) 효과가 있는 약술

[재료]

쑥 줄기 · 잎(말린 것) 150g / 설탕 100g / 소주 1,800㎖

[제조 방법]

① 어린 쑥을 깨끗이 손질하여 끓는 물에 살짝 데쳐 재빨리 건져 찬물에 헹군다. 물
　기를 꼭 짜서 바람이 잘 통하는 그늘에 1주일 정도 완전히 말려 이용한다.

② 용기에 쑥을 넣고 소주와 설탕을 부어 밀봉하여 저장한다.

③ 처음 3~5일간은 1일 1회 정도 용기를 가볍게 흔들어 준다.

④ 재료가 가벼워 위로 뜨기 쉬우므로 삼베 주머니에 넣거나 깨끗한 돌로 눌러 준다.

⑤ 6개월 이상 숙성한 뒤에 여과하여 보관하며 복용한다.

⑥ 엷은 녹색을 띤 황갈색 술로 쑥 특유의 쓴맛이 있으며, 향이 은은하다.

※ 주의 : 생쑥을 그대로 이용하면 두통과 복통을 일으킬 수 있으므로 제조 방법을 따를 것.

[효능]

쑥은 여성에게 최고의 영약(靈藥)이라고 할 만큼 여성 질환에 좋다. 강장, 이뇨, 건위,
정장, 식욕 증진, 진정 등의 효과가 있다.

약재 쑥

[복용법]

1일 2회 20~30㎖씩 아침저녁으로 식후에 복용한다.
쓴맛을 덜기 위해 꿀이나 다른 술과 섞어도 된다.

※ 주의 : 몸에 열이 많거나 얼굴에 열이 오르는 사람, 변
　비가 심한 사람, 물을 많이 마시는 사람은 금한다.

쑥

[총론]

• 이명 _ 약쑥, 애고
• 한약명 _ 애엽(艾葉)

   지상부 전초를 약용으로 이용하며, 한방에서 뜸(灸 : 구) 치료에 많이 이용된다. 쑥(애엽)은 국화과의 다년초로 전국 각지에 자생하며, 쑥국이나 쑥떡 등 식용(食用)은 물론 가정의 상비약(常備藥)으로 많이 이용되어 왔다. 성질이 따뜻하며, 부인병, 특히 자궁 출혈을 멎게 하는 효과가 좋다. 추위를 심하게 타는 사람이 오랫동안 쑥을 복용하면 추위를 타지 않고 잡병이 침범하지 않으며, 몸이 차서 일어나는 복통과 설사에 효과가 있다. 가정에서는 복통이 있을 때 고아 먹거나 지혈제로 이용하기도 한다. 치질이 오래되어 피가 자주 나고 항문이 아플 때 쑥을 달여 먹고, 달인 물로 씻거나 좌욕(坐浴)을 하면 효과가 있다.

금모구척주

金毛狗脊酒

신허 요통(腎虛腰痛), 관절통(關節痛), 골다공증(骨多空症), 산후 요통(産後腰痛)에 좋은 약술

[재료]

구척(狗脊) 150g / 설탕 100g / 소주 1,800㎖

[제조 방법]

① 구척을 불에 살짝 그을려 털을 완전히 제거하여 얇게 썰어서 말린다.

② 구척을 용기에 담고 소주와 설탕을 부어 밀봉하여 시원한 곳에 저장한다.

③ 처음 3~5일간은 1일 1회 정도 용기를 가볍게 흔들어 준다.

④ 3개월 뒤에 개봉하여 약재를 건져 내고, 건져 낸 약재의 1/5 정도를 다시 용기에 넣어 밀봉하여 시원한 곳에 저장한다.

⑤ 6개월 뒤에 완전 개봉하여 여과지에 걸러서 보관하며 복용한다.

[효능]

요통·관절통·요각통(腰脚痛)에 효과적이며, 신기를 보강하고, 골다공증이나 산후 요통에 효과가 있다.

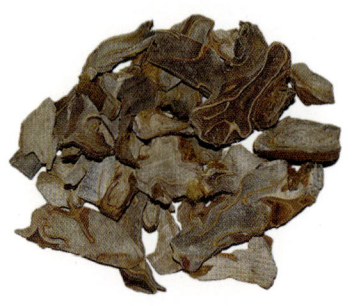

약재 금모구척

[복용법]

1일 2회 20~30㎖씩 아침저녁으로 식후에 복용한다.

※ 주의 : 비타민B$_1$을 파괴하므로 많이 섭취할 경우 비타민B$_1$이 결핍되어 힘이 약해지고 원기가 떨어진다.

금모구척

[총론]

- 이명 _ 고비, 갈비고사리, 금모구척
- 한약명 _ 구척(狗脊)

　생김새가 개의 척추 뼈를 닮았다 하여 구척이라 한다. 어린줄기는 나물이나 국거리로 이용하며, 구척(고비)의 뿌리를 약용으로 이용한다. 여성의 경행 불순(經行不順)과 백대하증(白帶下症)을 치료하고, 산전·산후 요통, 골절통, 신경통, 관절염에 효과가 있다. 남성의 풍습(風濕)을 제거하고, 조루증이나 발기 불능, 낭습(囊濕), 신허 요통(腎虛腰痛) 등 정력 보강에 효과가 좋다. 동일한 양의 구척·모과·두충·오갈피를 넣어 담근 술은 요통이나 신경통, 관절염 등에 좋고, 구척·녹용·백복령·사상자로 담근 복방주는 정력 부족, 신허 요통, 조루증에 효과가 좋다.

032

천궁주

川芎酒

두통, 중풍성 두통, 월경 불순, 산후 어혈 복통(瘀血腹痛), 여성 빈혈에 좋은 약술

[재료]

천궁(川芎) 150g / 설탕 100g / 소주 1,800㎖

[제조 방법]

① 천궁을 썰어서 깨끗이 씻은 다음 하루 정도 쌀뜨물에 담가 거유(去油), 즉 기름기
   를 제거한 뒤 완전히 말려서 이용한다.

② 천궁을 용기에 넣고 소주와 설탕을 부어 밀봉하여 시원한 곳에 저장한다.

③ 처음 3~5일간은 1일 1회 정도 용기를 가볍게 흔들어 준다.

④ 3개월 뒤에 개봉하여 약재를 건져 내고, 건져 낸 약재의 1/5 정도를 다시 용기에
   넣어 밀봉하여 시원한 곳에 저장한다.

⑤ 6개월 뒤에 완전 개봉하여 여과지에 걸러서 보관하며 복용한다.

⑥ 진한 적갈색을 띠며, 향이 좋은 약술이다.

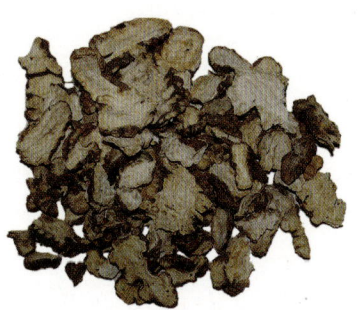

약재 천궁

[효능]

청혈(淸血) · 진정(鎭靜) 작용이 있고, 두통 · 중
풍성 두통 · 월경 불순 · 산후 어혈 복통 · 여성
빈혈에 효과가 있다.

[복용법]

1일 2회 20~30㎖씩 아침저녁으로 식후에 복용
한다.

천궁

[총론]

- 이명 _ 양천궁, 산궁궁, 궁궁이
- 한약명 _ 천궁(川芎)

　궁궁이의 근경을 약용으로 이용한다.

　한방에서는 보혈(補血)·활혈(活血)·청혈(淸血)제로 부인병에 많이 쓰는 대
표적인 약재이다. 또한 진통(鎭痛)·진정(鎭靜) 효과가 우수하여 두통이나 어
지럼증, 빈혈 등에 이용하고, 강장(强壯) 약으로도 효과가 좋다. 천궁은 혈액 순
환을 활발하게 하여 몸속의 좋지 않은 피를 빨리 없애 주고, 강한 살균 작용으
로 외과 질환도 빨리 낫게 하며, 자궁 수축 작용을 하여 산후 출혈에 지혈(止血)
작용을 한다. 천궁주는 피를 맑게 하고 혈액 순환을 촉진하며, 혈압을 조절하
고, 심장병이나 어지러움증, 두통이 있을 때 조금씩 마시면 통증이 없어지고,
스트레스를 푸는 데 효과가 있다.

033

독활주

獨活酒

관절통, 중풍 예방, 두통, 감기, 류머티즘성 관절염에 좋은 약술

[재료]

독활(獨活) 150g / 설탕 100g / 소주 1,800㎖

[제조 방법]

① 독활을 깨끗이 씻어 완전히 말린 다음 얇게 썰어서 약재를 용기에 넣고 소주와 설탕을 부어 밀봉하여 시원한 곳에 저장한다.
② 처음 3~5일간은 1일 1회 정도 용기를 가볍게 흔들어 준다.
③ 3개월 뒤에 개봉하여 약재를 건져 내고, 건져 낸 약재의 1/5 정도를 다시 용기에 넣어 밀봉하여 시원한 곳에 저장한다.
④ 6개월 뒤에 완전 개봉하여 여과지에 걸러서 보관하며 복용한다.
⑤ 담황색을 띠며, 특유의 향이 난다.

[효능]

풍습(風濕)을 제거하고, 일체의 풍질(風疾)이나 관절통(關節痛), 중풍 예방, 두통, 감기, 류머티즘성 관절염에 효과가 있다.

약재 독활

[복용법]

1일 2회 20~30㎖씩 아침저녁으로 식후에 복용한다.

독활

[총론]

• 이명 _ 땃두릅, 땅두릅, 멧두릅, 뫼두릅, 구안독활
• 한약명 _ 독활(獨活)

　땅두릅 뿌리는 약용으로, 새순은 나물로 이용한다. 땅두릅 뿌리를 한약명으로 독활이라 한다.

　『동의보감(東醫寶鑑)』에는 '모든 적풍(賊風)과 백절(百節)의 통풍(痛風)에 신구를 묻지 않고 다스리니 중풍의 실음(失音)과 구안괘사(口眼喎斜 : 구안와사라고도 하며, 안면 신경 손상으로 인해 안면 근육에 마비가 오는 말초성 신경 마비) 및 온몸의 마비와 근골종통(筋骨腫痛)을 다스린다'고 기록되어 있다. 진통(鎭痛)·진경(鎭痙)·진정제(鎭靜劑)로, 특히 신경통 치료에 그 효능을 인정받고 있다. 독활의 새로 난 멧두릅싹은 이른봄에 채취하여 데쳐서 초장에 찍어 먹거나 나물로 먹는데, 향취가 상큼하다.

034

백합주

百合酒, 나리술

신경 쇠약과 불면증에 이용되며, 가래와 기침에 좋은 약술

[재료]

백합 뿌리(생것) 300g / 잎과 줄기 및 꽃 약간(100g 정도) / 설탕 100g / 소주 1,800㎖

[제조 방법]

① 백합꽃 뿌리(땅속 비늘줄기)를 캐어 깨끗이 씻어서 물기를 완전히 제거한다.

② 잎과 줄기, 꽃도 깨끗이 다듬어 함께 용기에 넣고 소주와 설탕을 부어 밀봉하여
   시원한 곳에 저장한다.

③ 처음 3~5일간은 1일 1회 정도 용기를 가볍게 흔들어 준다.

④ 3개월 뒤에 개봉하여 약재를 건져 내고, 건져 낸 약재의 1/5 정도를 다시 용기에
   넣어 밀봉하여 시원한 곳에 저장한다.

⑤ 6개월 이상 숙성하여 여과지에 걸러서 보관하며 복용한다.

[효능]

자양 강장 정력제(滋養强壯精力劑)로도 이용되나 불면증과 신경 쇠약에 더 효과적이
며, 해수(咳嗽)나 오래된 기관지 천식에 좋다.

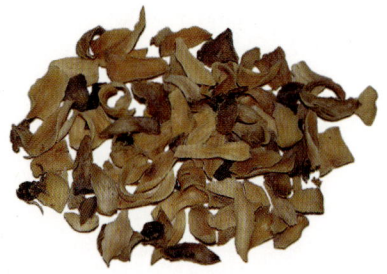

약재 백합

[복용법]

1일 2회 20~30㎖씩 아침저녁으로 식후에 복
용한다.

백합

[총론]

- 이명 _ 참나리, 나리
- 한약명 _ 백합(百合)

　한방에서는 주로 뿌리를 약용으로 쓰며, 해수나 천식(喘息), 종기(腫氣), 혈담(血痰) 등에 이용한다. 백합은 '백합병'을 다스린다고 하는데, 백합병이란 신경 쇠약으로 식욕이 떨어지고 잠을 잘 이루지 못하며, 열이 올랐다 갑자기 추워지고 구토를 하는 증상을 말한다. 즉 히스테리나 불면증, 신경 쇠약 등에 이용된다는 것이다. 민간에서는 자양 강장(滋養强壯)이나 진해제(鎭咳劑)로 이용하며, 폐암이나 위암 증상에도 자주 이용한다. 잎과 줄기 뿌리 전체를 이용한 나리술은 옛날부터 민간에서 많이 이용해 왔는데, 정력제로 좋다 하여 가정마다 담가 마셨을 정도이다.

복령주

茯苓酒

신장을 튼튼하게 하고 정력을 강화하며, 심신을 안정시키고 부종(浮腫)에 좋은 약술

[재료]

백복령(白茯苓) 200g / 꿀 50g / 소주 1,800ml

[제조 방법]

① 복령을 깨끗이 다듬어 꿀과 함께 용기에 넣고 소주를 부어 밀봉하여 시원한 곳에 저장한다.

② 처음 3~5일간은 1일 1회 정도 용기를 가볍게 흔들어 준다.

③ 6개월 이상 저장한 뒤 개봉하여 잘 걸러서 복용한다. 거를 때는 삼베 보자기나 가제를 몇 겹으로 하여 짜서 거른다.

④ 복령 가루가 막걸리처럼 뿌옇게 나오는데, 그냥 저어서 복용하면 된다.

[효능]

신장(腎臟)을 튼튼하게 하고 정력(精力)을 강화하며, 심신(心神)을 안정시키고, 풍병(風病)을 없애 준다. 조루(早漏)와 여성의 냉대하(冷帶下)에 좋고, 담(痰)을 없애 주기도 한다.

약재 복령

[복용법]

1일 2회 매회 20~30ml 정도 아침저녁으로 식후에 복용한다.

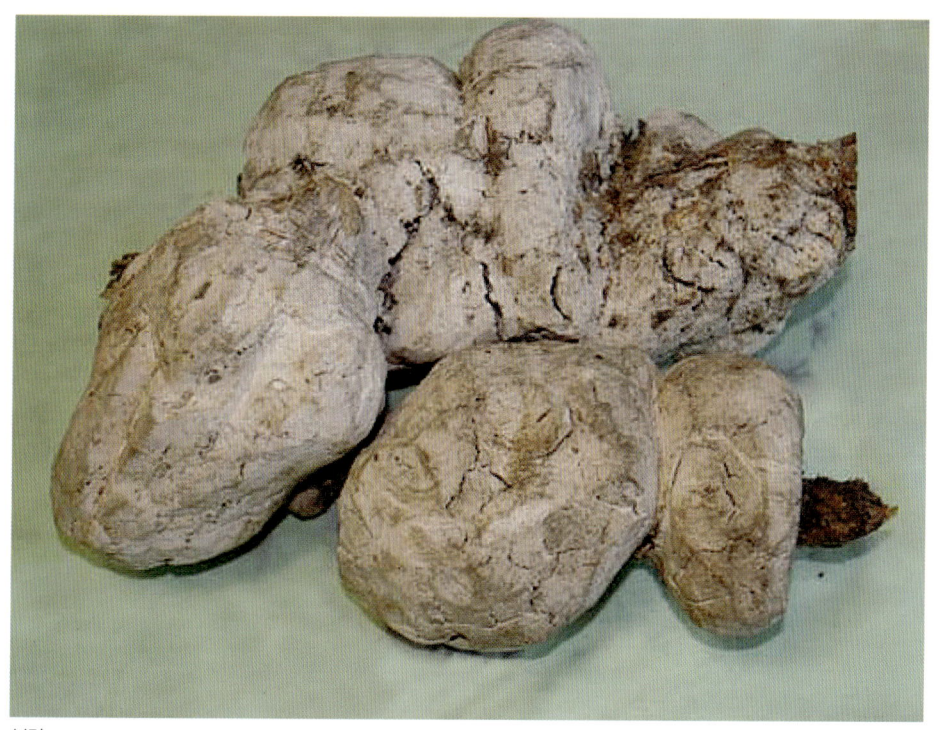

복령

[총론]

- 이명 _ 솔풍령, 송유, 갱생, 백복령, 적복령
- 한약명 _ 복령(茯苓), 백복령, 적복령, 복신

　복령은 베어 낸 지 여러 해 지난 소나무 뿌리에 기생하여 혹처럼 크게 자란 균핵을 말한다. 복령은 이뇨 완화제(利尿緩貨劑)로 소변을 잘 나오게 하고 몸의 진액(津液)을 보충해 주며, 허열(虛熱)을 없앤다. 스트레스로 인한 신경 과민을 진정시켜 주는 아주 좋은 약재이며, 안정을 주고 기억력을 증진시켜 주므로 수험생에게도 좋다.

　복령 껍질[茯苓皮]은 오줌을 잘 누게 하며, 몸이 부었을 때 효과적이다. 붉은 것[赤茯]은 습열(濕熱)을 없애고 오줌을 잘 보게 하는 효능이 있다. 복신(茯神)은 소나무 뿌리를 둘러싸고 있는 부분으로, 신경 안정 효과가 어느 약재보다 좋다. 그래서 신경을 가라앉힌다는 뜻의 복신이라는 이름이 붙었다.

036

백출주

白朮酒

방향성 건위제로, 소화 불량이나 당뇨 등에 좋은 불로장수(不老長壽) 약술

[재료]

백출(白朮) 150g / 설탕 100g / 소주 1,800㎖

[제조 방법]

① 백출을 깨끗이 씻어서 잔뿌리를 제거한 뒤 껍질을 약간 벗겨 완전히 말려 용기에
　넣고 소주와 설탕을 부어 밀봉하여 시원한 곳에 저장한다.
② 처음 3~5일간은 1일 1회 정도 용기를 가볍게 흔들어 준다.
③ 3개월 뒤에 개봉하여 약재를 건져 내고, 건져 낸 약재의 1/5 정도를 다시 용기에
　넣어 밀봉하여 시원한 곳에 저장한다.
④ 6개월 뒤에 완전 개봉하여 여과지에 걸러서 보관하며 복용한다.
⑤ 담황색을 띠며, 향긋한 약술이다.

[효능]

발한(發汗), 해열(解熱), 소화 불량, 정장(整腸), 당뇨병, 이뇨(利尿), 신경통, 두통, 고혈
압, 냉병(冷病), 설사, 위염, 음위(陰萎), 신장염, 식욕 부진 등에 좋다.

약재 백출

[복용법]

1일 2회 20~30㎖씩 아침저녁으로 식후에 복용
한다.

백출

[총론]

• 이명 _ 삽주
• 한약명 _ 백출(白朮), 창출(蒼朮)

　줄기뿌리를 창출이라 하고, 줄기뿌리 끝에 달린 알뿌리의 근피를 벗겨서 말
린 것을 백출이라 한다. 삽주(白朮)의 근경(根莖 : 덩이뿌리)을 약용으로 이용한다.
　방향성 건위제(芳香性健胃劑)로, 비위(脾胃)를 튼튼하게 하고 소화 흡수가 잘
되게 하며, 신(腎)을 보(補)하고, 기운이 없거나 소변 불리에 효과적이다. 또한
소화를 시켜 주고 땀을 거두며, 명치끝이 몹시 그득하고 곽란으로 인해 토하거
나 설사가 멎지 않는 증상을 치료한다. 감기에 걸렸거나 열이 잘 내리지 않을
때도 삽주 뿌리 달인 물을 복용하면 좋다. 어지럼증이나 유정(遺精), 풍습성 신
경통, 태동 불안 등에도 효과적이다. '산사주'와 섞어 복용하면 위장에 좋은
약주가 된다.

인동술

忍冬酒

신장 질환, 방광염, 부종, 요통에 효과가 있고, 특히 여성의 혈액 순환과 피부 미용에 좋은 약술

[재료]

인동꽃 100g / 줄기와 잎 100g / 설탕 100g / 소주 1,800㎖

[제조 방법]

① 재료를 잘 씻어서 말려 용기에 넣고 소주와 설탕을 부어 밀봉하여 시원한 곳에 저
　장한다.

② 처음 3～5일간은 1일 1회 정도 용기를 가볍게 흔들어 준다.

③ 3개월 뒤에 개봉하여 약재를 건져 내고, 건져 낸 약재의 1/5 정도를 다시 용기에
　넣어 밀봉하여 시원한 곳에 저장한다.

④ 6개월 뒤에 완전 개봉하여 여과지에 걸러서 보관하며 복용한다.

⑤ 향기가 좋고 담황색을 띠며, 달고 신맛이 나는 약술이다.

[효능]

신장 질환, 방광염, 이뇨, 감기, 구토, 부종, 요통, 숙취(熟醉), 관절통(關節痛) 등에 좋
다. 여성들의 미용주(美容酒)로도 많이 이용된다.

약재 인동

[복용법]

1일 2회 20～30㎖씩 아침저녁으로 식후에 복용
한다.

인동

[총론]

- 이명 _ 겨우살이덩굴, 금은화(꽃), 인동덩굴, 능박나무
- 한약명 _ 금은화(金銀花), 인동초(忍冬草)

　인동꽃은 금은화이고, 인동덩굴과 잎은 인동초라 부른다.

　인동(忍冬)은 글자 그대로 '추운 겨울을 끈질기게 참고 견뎌 낸다' 는 뜻이
다. 꽃은 처음에는 백색을 띠지만 점차 황색으로 변하여 금은화(金銀花)라는
이름이 붙었다. 여성이 인동술을 마시면 혈액 순환이 원활해져 피부가 고와지
고, 몸에서 은은한 향기가 난다고 한다. 냉이 없어지고 신장이나 방광 계통의
질환이 치료되며, 목욕물에 조금씩 타서 이용하면 피부 미용에도 좋다. 남성이
먹으면 양기가 왕성해지고 신장과 방광 계통의 병이 치료된다고 한다. 각기병
(脚氣病)에도 효과가 있다.

038

작약주
芍藥酒

신경통, 요통, 관절통, 위통, 생리통 등으로 인한 통증을 완화해 주는 효과가 좋은 약술

[재료]

백작약(白芍藥) 150g / 설탕 100g / 소주 1,800㎖

[제조 방법]

① 작약 잔뿌리를 제거하고 깨끗이 씻어 완전히 말려 용기에 넣고 소주와 설탕을 부
어 밀봉하여 시원한 곳에 저장한다.

② 처음 3～5일간은 1일 1회 정도 용기를 가볍게 흔들어 준다.

③ 3개월 뒤에 개봉하여 약재를 건져 내고, 건져 낸 약재의 1/5 정도를 다시 용기에
넣어 밀봉하여 시원한 곳에 저장한다.

④ 6개월 뒤에 완전 개봉하여 여과지에 걸러서 보관하며 복용한다.

⑤ 약재를 거르지 않고 숙성시켜도 좋다.

[효능]

체력을 보강하고 피로를 푸는 데 좋고, 신경통이나 요통, 관절통, 위통, 두통, 생리통
등으로 인한 통증을 완화하는 데 효과가 좋다. 해열(解熱) · 소염(消炎) 작용을 하고,
설사를 멎게 하는 데도 효과적이다.

[복용법]

1일 2회 20～30㎖씩 아침저녁으로 식후에 복용
한다. 감초주나 다른 약술과 섞어 마셔도 좋다.

약재 작약

작약

[총론]

- 이명 _ 함박꽃
- 한약명 _ 백작약(白芍藥), 적작약(赤芍藥)

　함박꽃의 뿌리를 약용으로 이용한다.

　약용으로는 굵은 뿌리를 사용하는데, 직경이 보통 1～4㎝ 정도다. 체력 보강(體力補强), 산후병(産後病), 사지 무력(四肢無力), 피로 회복 등에 약재로 이용된다. 작약은 근육이 뭉치는 것을 풀어 주고, 특히 하복부(下腹部)에서 다리의 긴장된 근육을 풀어 준다. 양기를 돕고 정을 보강하며, 생리통 치료에 효과가 좋고, 명문의 화가 약한 데서 생긴 음위나 유정 등에 이용한다. 그 밖에도 통증을 없애 주고 혈관의 운동을 순조롭게 하며, 땀을 나게 하고 설사를 멈추게 한다. 붉은 작약은 오줌은 잘 누게 하고, 해열(解熱)·해독(解毒) 작용을 하며, 흰 작약은 아픈 것을 멈추게 하고 피를 잘 생성한다.

039

석곡주

石斛酒

위장의 열을 내리고 진액(津液)을 생성하여 갈증을 푸는 데 좋은 약술

[재료]

석곡(石斛) 150g / 설탕 100g / 소주 1,800㎖

[제조 방법]

① 석곡을 깨끗이 씻어 완전히 말려 적당한 길이로 잘라 용기에 넣고 소주와 설탕을
   부어 밀봉하여 시원한 곳에 저장한다.
② 처음 3~5일간은 1일 1회 정도 용기를 가볍게 흔들어 준다.
③ 3개월 뒤에 개봉하여 약재를 건져 내고, 건져 낸 약재의 1/5 정도를 다시 용기에
   넣어 밀봉하여 시원한 곳에 저장한다.
④ 6개월 뒤에 완전 개봉하여 여과지에 걸러서 보관하며 복용한다.

※ 전통주로 제조하는 방법 : 반건조된 석곡을 잘게 썰어서 술밥과 함께 넣는다. 전통주에 약
   재를 넣을 경우에는 일반 막걸리를 담글 때보다 누룩을 좀 더 넣어서 독하게 담가야 하는
   데, 일반적으로 술밥 한 말에 석곡 한 되를 넣어 발효시키면 훌륭한 전통주가 된다.

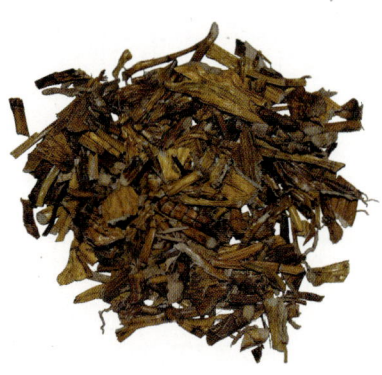

약재 석곡

[효능]

위장의 열을 내리고 진액을 생성시키며, 오장의
기능을 보강하고 위장의 활동을 도와준다. 양기
부족, 조루증, 허약 체질 개선에도 효과적이다.

[복용법]

1일 2회 20~30㎖씩 아침저녁으로 식후에 복
용한다.

석곡

[총론]

- 이명 _ 임란, 석란, 장생초(長生草), 천년윤(千年潤)
- 한약명 _ 석곡(石斛)

석란 지상부의 줄기를 약용으로 이용한다.

석곡은 청량성 자양제(青凉性滋養劑)로 수액과 위액 분비를 촉진하며, 예부터 석곡을 이용한 전통주가 오랫동안 전해져 온다. 생진(生津)·지갈(止渴) 작용이 있어 당뇨에도 이용되며, 백내장에 효과적이고 건위제나 강장제로도 두루 쓰인다. 음(陰)을 자양(滋養)하며 열을 없애고, 열 때문에 위 속의 진액이 말라 입속과 혀가 마르고 입속이 헐거나 변비가 있을 때도 이용한다.

또한 위(胃)의 열을 없애고 구토를 멈추게 하며, 위열로 인한 구토나 구강염, 인후염과 잇몸이 붓고 아픈 데도 처방된다. 허리와 다리가 떨리고 힘이 없는 것을 낫게 하며, 근육과 뼈를 튼튼하게 해 준다.

040

산조인주

酸棗仁酒

신 경 쇠 약 과 불 면 증 에 효 과 가 좋 은 약 술

[재료]

볶은 산조인(酸棗仁) 150g / 설탕 100g / 소주 1,800㎖

[제조 방법]

① 산조인을 깨끗이 씻어서 말려 약간 검은색을 띨 정도로 볶는다.

② 볶은 산조인을 용기에 넣고 소주와 설탕을 부어 밀봉하여 시원한 곳에 저장한다.

③ 처음 3~5일간은 1일 1회 정도 용기를 가볍게 흔들어 준다.

④ 3개월 뒤에 개봉하여 약재를 건져 내고, 건져 낸 약재의 1/5 정도를 다시 용기에 넣어 밀봉하여 시원한 곳에 저장한다.

⑤ 6개월 뒤에 완전 개봉하여 여과지에 걸러서 보관하며 복용한다.

⑥ 맑은 적갈색을 띠며, 고소한 향이 나는 약술이다.

[효능]

심신(心神)을 안정시키고 피를 보(補)하며, 강장 진정(强壯鎭靜) 작용을 하고, 불면증을 다스린다. 건위 정장(健胃整腸)에도 효능이 있다.

약재 산조인

[복용법]

1일 2회 30㎖ 정도 아침저녁으로 식후에 복용한다.

산조인

[총론]

- 이명 _ 멧대추씨, 산대추씨
- 한약명 _ 산조인(酸棗仁)

 멧대추의 속씨를 약용으로 이용한다.

 산조인은 불면증에 시달리는 사람들에게 쾌면(快眠) 약으로 잘 알려져 있다. 하지만 생으로 쓰면 오히려 잠이 더 오지 않게 하므로 반드시 볶아서 이용해야 한다. 중추 신경계의 흥분을 억제하고 반사 흥분성을 약화시켜 최면(催眠) 및 진정 작용을 한다. 혈압을 내리고 불면을 방해하는 요소를 제거해 주기도 한다. 신경 쇠약이나 자주 놀라고 가슴이 두근거리며 잠을 잘 이루지 못할 때 인삼주와 황기주를 섞어서 복용하면 효과가 더 크다.

생강주

生薑酒

건위(健胃), 복통(腹痛), 냉병(冷病), 초기 감기, 식욕 부진, 신경통(神經痛) 등에 좋은 약술

[재료]

생강(生薑) 300g / 설탕 100g / 소주 1,800㎖

[제조 방법]

① 생강은 껍질을 벗겨 깨끗이 씻어 물기를 없앤 뒤 얇게 썰어 그늘진 곳에 하루 정
　도 말린다.
② 생강을 용기에 넣고 소주와 설탕을 부어 밀봉하여 시원한 곳에 저장한다.
③ 처음 3～5일간은 1일 1회 정도 용기를 가볍게 흔들어 준다.
④ 3개월 뒤에 개봉하여 약재를 여과지에 걸러서 다시 숙성시킨다.
⑤ 6개월 이상 숙성한 뒤 보관하며 복용한다.
⑥ 엷은 호박색을 띠며, 톡 쏘는 생강 향이 나는 약술이다.

[효능]

건위, 복통, 냉병, 감기, 거담(祛痰), 구토(嘔吐), 발한(發汗), 변비, 소화 불량, 숙취(熟
醉), 식욕 부진, 풍습 한열(風濕寒熱), 토사, 신경통 등에 좋다.

약재 생강

[복용법]

1일 2회 20～30㎖씩 아침저녁으로 식후에 복용한
다. 생강주는 향이 강하므로 꿀을 조금 첨가하여
마시면 부드럽다.

생강

• 이명 _ 백강(白薑), 균강(均薑)
• 한약명 _ 생강(生薑)

　생강은 향신성 건위제 · 발한제 · 해열제 · 강장제로서 효능이 좋다. 특히 감기 초기에 효과적이며, 고기나 생선 요리를 할 때 레몬이나 청주 대신 생강주를 이용하면 냄새가 제거된다. 생강주를 담그는 데 넣었던 생강은 그대로 썰어서 요리에 활용하면 된다. 생강은 우리나라 사람들이 흔히 쓰는 주요 양념 가운데 하나이기도 하다. 생강차는 특히 겨울에 마시는 것이 좋은데, 위를 보하고 소화를 도우며, 적당히 마시면 정력을 증진시키고, 이질과 하혈에도 효과가 있다. 그러나 지나치게 많이 마시면 오히려 해로울 수 있으므로 주의해야 한다. 멀미 예방 효과도 있다.

삼백초주

三白草酒

변비, 당뇨, 간장 질환, 고혈압 등 생활습관병의 예방과 치료에 좋은 약술

[재료]

삼백초(三白草) 500g(생것) / 설탕 100g / 소주 1,800㎖

[제조 방법]

① 삼백초의 지상부 전초를 채취하여 물에 씻어 하루 정도 그늘에 말려 적당한 크기
　　로 썰어 용기에 넣고 소주와 설탕을 부어 밀봉하여 시원한 곳에 저장한다.
② 처음 3~5일간은 1일 1회 정도 용기를 가볍게 흔들어 준다.
③ 3개월 뒤에 개봉하여 약재를 여과지에 걸러서 다시 숙성시킨다.
④ 6개월 이상 숙성한 뒤에 보관하며 복용한다.
⑤ 약간 비릿한 특유의 냄새를 가진 약술이다.

[효능]

변비, 당뇨병, 간장병, 고혈압, 심장병, 부인병, 신장병 등 생활습관병의 예방과 치료
에 효과가 있다고 알려져 있다. 숙변(熟便) 제거에도 효과적이다.

약재 삼백초

[복용법]

1일 2회 20~30㎖씩 아침저녁으로 식후에 복용
한다.

삼백초

[총론]

• 이명 _ 어성초(魚腥草)
• 한약명 _ 삼백초(三白草)

삼백초 지상부 전초를 약용으로 이용한다.

삼백초를 차로 만들어 마시면 모세혈관이 튼튼해지고 혈액 속의 콜레스테롤 수치가 낮아지며, 냉대하(冷帶下)나 자궁염, 생리 불순, 음탈(陰脱) 등에 효과가 있다. 암 예방 효과도 있다고 알려져 있다. 변비(便秘)와 숙변(熟便)을 제거하는 데도 효과적이며, 해독(解毒) · 이뇨(利尿) 작용을 한다.

간염이나 간경화 같은 간장 질환과 당뇨병 치료에도 일정한 효과가 있는 것으로 알려져 있으며, 외용(外用)으로 아토피성 피부염 약으로 자주 이용된다.

043

만삼주

蔓蔘酒

혈액 순환 촉진, 천식(喘息), 빈혈, 식욕 부진, 신허(腎虛), 보익(補益) 등에 좋은 약술

[재료]

만삼(蔓蔘) 뿌리 400g(말린 것 150g) / 꿀 50g / 소주 1,800㎖

[제조 방법]

① 5년 이상 된 만삼을 약술로 담가야 효능이 좋다.

② 만삼 뿌리를 깨끗하게 씻어 하루 정도 그늘에 말려 물기를 완전히 제거한 뒤 용기에 넣고 소주와 설탕을 부어 밀봉하여 시원한 곳에 저장한다.

③ 처음 3~5일간은 1일 1회 정도 용기를 가볍게 흔들어 준다.

④ 3개월 뒤에 개봉하여 약재를 건져 내고, 건져 낸 약재의 1/5 정도를 다시 용기에 넣어 밀봉하여 시원한 곳에 저장한다.

⑤ 6개월 뒤에 완전 개봉하여 여과지에 걸러서 보관하며 복용한다.

⑥ 담황색을 띠며, 독특한 향이 나는 약술이다.

[효능]

편도선염, 혈액 순환, 천식(喘息), 강장(强壯), 거담(祛痰), 건위(健胃), 빈혈, 식욕 부진, 신허(腎虛), 조갈(燥渴), 보익(補益), 경풍(驚風) 등에 효과가 좋다.

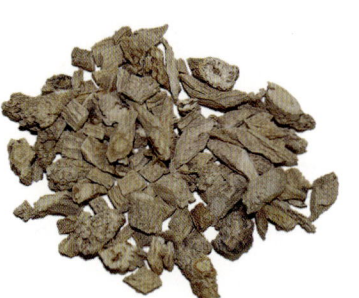

약재 만삼

[복용법]

1일 2회 20~30㎖씩 아침저녁으로 식후에 복용한다. 기호에 따라 꿀을 약간 첨가하여 마셔도 좋다.

만삼

[총론]

- 이명 _ 삼성더덕, 참더덕, 당삼
- 한약명 _ 만삼(蔓蔘)

　참더덕 뿌리를 약용으로 이용한다.

　만삼은 몸이 허약하여 의욕이 없고, 늘 피로하고 무기력하며 손발이 저리면서 식은땀을 많이 흘리는 사람에게 기력을 되찾아 준다. 조혈(造血) · 보혈(補血) 작용이 있어 빈혈을 개선하고, 비장과 위장을 튼튼하게 해 준다. 신장 기능이 약해져서 생긴 신장성 부종에 자주 이용되고, 소변에 섞여 나오는 요단백을 줄여 준다. 체내 진액(몸속의 필수 영양 물질)을 늘려 갈증을 풀어 주고, 탈항이나 자궁 하수, 자궁 출혈, 임신 및 출산에 따르는 여러 가지 병증과 백혈병, 구루병 등에도 이용한다. 중국에서는 고려당삼이라 하여 인삼 대용으로 많이 애용하는 좋은 민간 약재이다.

044
계피주
桂皮酒

건위 정장에 좋고, 몸이 차고 머리가 아픈 데, 손발이 찬 데, 식욕 부진 등에 좋은 약술

[재료]

계피(桂皮) 150g / 소주 1,800㎖

[제조 방법]

① 계피를 적당한 크기로 잘라 용기에 넣고 소주를 부어 밀봉하여 시원한 곳에 저장한다.

② 처음 3~5일간은 1일 1회 정도 용기를 가볍게 흔들어 준다.

③ 3개월 뒤에 개봉하여 약재를 걸러 내고, 걸러 낸 약재의 1/5 정도를 다시 용기에 넣어 밀봉하여 시원한 곳에 저장한다.

④ 6개월 뒤에 완전 개봉하여 여과지에 걸러서 보관하며 복용한다.

⑤ 엷은 황갈색을 띠며, 맛과 향이 좋은 약술이다.

[효능]

건위 정장(健胃整腸)에 좋고, 몸이 차고 머리가 아픈 데, 손발이 냉한 데, 그리고 감기 초기에 효과가 있다. 몸을 따뜻하게 하고 식욕을 촉진한다.

약재 계피

[복용법]

1일 2회 20~30㎖씩 아침저녁으로 식후에 복용한다.

계수나무

[총론]

- 이명 _ 계피, 관계, 옥계
- 한약명 _ 육계(肉桂)

계수나무 가지의 껍질을 약용으로 이용한다.

계수나무 줄기와 가지 등의 껍질을 벗겨서 말린 것이 계피(桂皮)이고, 껍질을 벗기지 않고 그대로 말린 가느다란 가지를 계지(桂枝)라 한다. 계피는 방향성 건위제(芳香性健胃劑)로써 식욕 증진제로 이용되는데, 몸을 따뜻하게 하고 세균 발육을 억제하며 발표해기(發表解肌 : 땀이 나게 하여 근육을 풀어 줌)의 요약(要藥)이다. 또한 성 기능을 왕성하게 하고 위를 따뜻하게 하며, 오한(惡寒)을 없애 주는 효능이 있으며, 어혈을 풀고 통증을 멈추게 한다. 혈압 상승과 혈관 확장, 항균 작용도 있다.

045

감초주

甘草酒

해독 작용 및 신경통, 생리통, 복통 등 통증 완화에 좋은 약술

[재료]

감초(甘草) 150g / 소주 1,800㎖

[제조 방법]

① 감초를 얇게 썰어서 용기에 넣고 소주를 부어 밀봉하여 시원한 곳에 저장한다.

② 처음 3~5일간은 1일 1회 정도 용기를 가볍게 흔들어 준다.

③ 3개월 뒤에 개봉하여 약재를 걸러 내고, 건져 낸 약재의 1/5 정도를 다시 용기에 넣어 밀봉하여 시원한 곳에 저장한다.

④ 6개월 뒤에 완전 개봉하여 여과지에 걸러서 보관하며 복용한다.

⑤ 맛이 달며 약간 씁쓸한, 특유의 향을 지닌 약술이다.

[효능]

근골통(筋骨痛), 당뇨, 요통, 위궤양, 인후염, 편도선염, 기침을 완화해 준다.

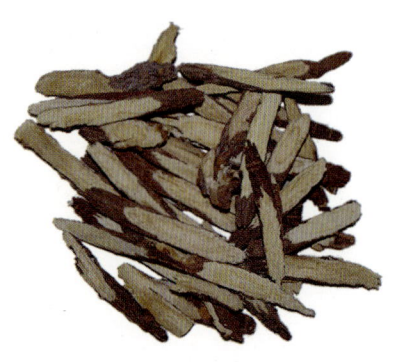

약재 감초

[복용법]

1일 2회 20~30㎖씩 아침저녁으로 식후에 복용한다.

※ 감초차 : 감초를 끓여 차로 복용하면 위통과 근육 경련에 효과적이며, 스트레스를 풀어 준다.

감초

[총론]

- 이명 _ 국로
- 한약명 _ 감초(甘草)

　감초의 뿌리를 약용으로 이용한다.

　감초는 생강, 대추와 함께 해독(解毒) 작용이 뛰어난 약재 가운데 하나다. 식중독이나 약물 중독 등의 독을 푸는 데는 감초가 최고다. 동일한 양의 감초와 대추를 오래 끓여서 그 물로 엿을 만들어 먹으면 공해로 인한 각종 독을 푸는 데 효과가 좋다. 모든 약의 독을 풀어 주어 중화 및 완화해 주는 작용을 하므로 한방 처방에 반드시 필요한 묘약(妙藥)이다. 또한 신체 기능을 조절하는 작용도 있어 급박한 증상을 풀어 주며, 근육의 긴장으로 인한 동통과 신장의 긴장도 풀어 준다. 감초주는 단방으로도 이용되나 다른 약주와 칵테일용으로도 쓴다. 향이나 맛이 강한 약술과 섞어 마시면 좋다.

후박주

厚朴酒

소화 불량이나 위 경련, 복통에 효과적이고, 감기로 인한 두통에 좋은 약술

[재료]

후박(厚朴) 150g / 설탕 100g / 소주 1,800㎖

※ 후박의 새순을 이용하여 술을 담글 수도 있으며, 효능은 비슷하다.

[제조 방법]

① 후박 껍질 쪽의 코르크층을 약간 긁어내고 깨끗이 손질하여 용기에 넣고 소주와
   설탕을 부어 밀봉하여 시원한 곳에 저장한다.
② 처음 3~5일간은 1일 1회 정도 용기를 가볍게 흔들어 준다.
③ 3개월 뒤에 개봉하여 약재를 걸러 내고, 건져 낸 약재의 1/5 정도를 다시 용기에
   넣어 밀봉하여 시원한 곳에 저장한다.
④ 6개월 뒤에 완전 개봉하여 여과지에 걸러서 보관하며 복용한다.

[효능]

소화 불량, 복부 팽창감, 음식을 먹고 체했을 때 효과가 있으며, 감기로 인한 두통이
나 발열(發熱), 곽란(霍亂)에도 좋다.

약재 후박

[복용법]

1일 2회 20~30㎖씩 아침저녁으로 식후에 복
용한다.

후박나무

[총론]

• 이명 _ 황목련, 적박
• 한약명 _ 후박(厚朴)

　후박나무(厚朴)의 수피(樹皮)와 근피(根皮)를 약용으로 이용한다.

　후박은 위를 따뜻하게 하고 토사곽란의 전근(轉筋)을 그치게 하며, 위장(胃腸)을 튼튼하게 한다. 생강즙에 담가 두었다가 꺼내어 살짝 볶아 이용하면 더욱 효과적인데, 이는 생강이 속을 따뜻하게 하고 기를 잘 통하게 하기 때문이다. 후박주는 감기로 인한 두통이나 한열(寒熱)에도 효과가 있으며, 소화 불량이나 위 경련, 복통에도 효과가 좋다. 오래 두고 먹으면 호흡기 계통의 질병이나 기관지 질환, 해수, 천식 등에 효과적이고, 체증에도 좋다. 후박은 중국산이 약효가 더 좋다.

회향주

茴香酒

위를 튼튼하게 하고 소화를 도우며, 육류를 먹은 뒤 반주로 좋은 약술

[재료]

소회향(小茴香) 잎과 줄기 및 열매 500g / 설탕 100g / 소주 1,800㎖

[제조 방법]

① 소회향 열매가 익기 전에 잎과 줄기 및 열매를 채취하여 깨끗이 씻어 하루 정도 그늘에 말려 물기를 완전히 제거하여 이용한다.

② 소회향을 용기에 넣고 소주와 설탕을 부어 밀봉하여 시원한 곳에 저장한다.

③ 처음 3~5일간은 1일 1회 정도 용기를 가볍게 흔들어 준다.

④ 3개월 뒤에 개봉하여 약재를 건져 내고, 건져 낸 약재의 1/5 정도를 다시 용기에 넣어 밀봉하여 시원한 곳에 저장한다.

⑤ 6개월 뒤에 완전 개봉하여 여과지에 걸러서 보관하며 복용한다.

⑥ 강한 향이 나는 엷은 황갈색 약술이다.

[효능]

위 질환과 복통에 효과가 있고 강정 · 강장, 담석 제거 등에 좋다. 산증(疝症) 치료에 도 이용한다. 특히 육류를 먹은 뒤에 반주로 이용하면 좋다.

약재 회향

[복용법]

1일 2회 20~30㎖씩 아침저녁으로 식후에 복용한다. 향이 강하므로 섞어서 이용하는 것이 먹기에 편하다.

회향

[총론]

• 이명 _ 대회향, 소회향, 각회향
• 한약명 _ 소회향(小茴香)

소회향 열매를 약용으로 이용한다.

유럽이 원산지인 것을 대회향이라 하고, 우리나라에서 재배한 것을 소회향이라 한다. 향기가 매우 강하며, 식품의 향료로 소스나 카레 등에도 이용된다. 회향은 위를 튼튼하게 하고 소화를 돕는 효과가 뛰어나다. 단맛이 있고 향기가 좋아 음식이나 약에 넣기도 하고, 빵이나 과자에 약간 첨가하면 맛과 향이 훨씬 좋아진다. 회향은 처음에는 중추 신경을 약간 흥분시키지만 차츰 진정시키는 작용이 있다. 점막을 자극하여 위나 십이지장, 기관지 등의 분비선에서 분비물이 잘 나오도록 돕는다. 가래를 없애는 약으로도 쓰이고, 젖을 잘 나오게 하는 효과도 있다.

접골목주

接骨木酒

신 장 보 호 , 해 열 , 발 한 , 진 해 , 이 뇨 , 진 통 등 에 좋 은 약 술

[재료]

접골목(接骨木) 열매 500g / 설탕 100g / 소주 1,800㎖

[제조 방법]

① 빨갛게 익은 열매를 채취하여 이용한다. 덜 익은 것은 풋내가 난다.

② 접골목 열매를 물에 살짝 씻어 하루 정도 그늘에 말린다.

③ 준비된 재료를 용기에 넣고 소주와 설탕을 부어 밀봉하여 시원한 곳에 저장한다.

④ 처음 3~5일간은 1일 1회 정도 용기를 가볍게 흔들어 준다.

⑤ 3개월 뒤에 개봉하여 열매를 완전히 건져 내고 여과하여 다시 숙성시킨다.

⑥ 6개월 이상 지난 뒤에 보관하며 복용한다.

⑦ 맑은 적자색을 띠며, 달콤한 향이 나는 약술이다.

[효능]

신장 보호, 해열, 발한(發汗), 진해(鎭咳), 이뇨(利尿), 진통(鎭痛) 효과가 있고, 혈액 순환을 원활하게 한다.

약재 접골목

[복용법]

1일 2회 20~30㎖씩 아침저녁으로 식후에 복용한다.

접골목

[총론]

- 이명 _ 딱총나무, 말오줌나무,
- 한약명 _ 접골목(接骨木), 삭조

　딱총나무 줄기를 잘라 말린 것을 약용으로 이용하고, 열매는 약술로 이용한다.
　인동과에 속하는 낙엽, 활엽 관목으로 5월에 이삭처럼 꽃이 핀다. 열매는 붉은색을 띠며, 어린잎은 나물로 식용한다. 접골목은 그 이름이 말해 주듯 뼈가 부러지거나 삐었을 때 효과가 좋은 약나무라 하여 붙여진 중국 이름이다. 소변을 잘 나오게 하고 혈액 순환을 좋게 하며, 통증을 멎게 하는 효능이 있어 타박상이나 삔 데, 골절, 관절염, 신경통, 부종, 소변을 못 보는 데 좋으며, 통풍이나 신장염, 구내염, 인후염, 산후 빈혈, 황달 등의 여러 질병에 이용한다. 이른 봄철에 새순을 뜯어 살짝 데쳐서 물에 가볍게 우려 낸 뒤에 무쳐 먹거나 밀가루 옷을 입혀서 튀겨 먹기도 한다.

은행술

銀杏酒

기 침 을 멈 추 게 하 며 거 담 (祛痰), 자 양 (滋養)에 좋 은 약 술

[재료]

은행(銀杏) 400g(깐 것) / 설탕 50g / 소주 1,800㎖

[제조 방법]

① 은행을 볶아 속껍질을 벗겨 낸다. 뜨거울 때 벗기면 잘 벗겨진다.

② 용기에 은행을 넣고 소주와 설탕을 부어 밀봉하여 시원한 곳에 저장한다.

③ 처음 3～5일간은 1일 1회 정도 용기를 가볍게 흔들어 준다.

④ 6개월 이상 숙성시켜 복용한다. 숙성 후에는 재료를 건져 내지 않아도 된다.

⑤ 담황색을 띠며, 독특한 향기와 맛을 지닌 약술이다.

[효능]

자양 강장(滋養强壯) 작용을 하며, 기침과 가래 제거에 효과적이다.

[복용법]

1일 2회 20～30㎖씩 아침저녁으로 식후에 복용한다. 술을 담글 때 지나치게 달지 않게 담글 것. 완전히 익은 뒤에 기호에 따라 꿀이나 설탕을 타서 마셔도 좋다.

약재 은행

※ 주의 : 상한 은행은 약술의 맛을 변질시키므로 반드시 버린다. 또한 은행은 굽거나 가열하면 독성이 없어지고 독특한 풍미가 생기므로 날 것으로 먹지 말고 반드시 익혀 먹도록 한다. 약간의 독이 있으므로 한번에 다량 섭취하는 것은 몸에 해롭고, 알레르기가 있는 사람은 특히 주의해야 한다.

은행

[총론]

- 이명 _ 공손수, 백과수, 행자목, 은행목
- 한약명 _ 백과(白果)

    은행은 한방 약재와 식용으로 많이 쓰이며, 기침을 재우는 효과와 함께 거담 (祛痰)·자양(滋養) 작용을 한다. 매일 2~3개씩 구워 먹으면 어린이의 야뇨증에 효과적이다. 식용으로 쓰이는 연질 부분을 덮고 있는 얇은 막은 내종피(內種皮)로, 열을 가하면 쉽게 벗겨진다. 은행의 독성은 이 내종피에 있으므로 식용으로 이용할 때는 반드시 제거해야 한다.

    은행은 맛과 향이 뛰어나고 영양이 풍부하여 각종 음식의 재료나 술안주로 이용되고, 술을 담그기도 한다.

은행잎주

銀杏葉酒

호흡기 질환, 고혈압, 동맥경화, 생활습관병의 치료와 예방, 심장병, 이질, 복통, 설사에 좋은 약술

[재료]

은행잎(銀杏葉) 500g / 감초 100g / 소주 1,800㎖

[제조 방법]

① 8월 말~9월 초순에 채취한 튼튼한 은행잎을 준비한다.

② 깨끗이 씻은 은행잎을 하루 정도 그늘에 말렸다가 감초와 함께 용기에 넣고 소주를 부어 밀봉하여 시원한 곳에 저장한다.

③ 처음 3~5일간은 1일 1회 정도 용기를 가볍게 흔들어 준다.

④ 3개월 뒤에 개봉하여 약재를 건져 내고, 건져 낸 약재의 1/5 정도를 다시 용기에 넣어 밀봉하여 시원한 곳에 저장한다.

⑤ 6개월 뒤에 완전 개봉하여 여과지에 걸러서 보관하며 복용한다.

⑥ 약간 떫은맛과 풋풋한 향내가 나는 은근한 맛의 담황색 약술이다.

[효능]

호흡기 질환, 고혈압, 동맥경화, 생활습관병의 치료와 예방, 손발 저림, 혈액 순환 장애, 심장병, 이질, 복통, 설사에 좋다.

약재 은행잎

[복용법]

1일 2회 20~30㎖씩 아침저녁으로 식후에 복용한다. 따뜻한 물이나 찬물에 섞어 마셔도 된다.

※ 주의 : 은행잎술을 일주일간 계속해서 마셨다면 그 다음 주에는 마시지 않는다. 술이 약한 사람은 절반 정도만 마신다.

은행잎

• 이명 _ 공손수, 백과수, 행자목, 은행목
• 한약명 _ 백과(白果)

　은행나무에는 벌레가 생기지 않는다. 은행나무에 들어 있는 플라보노이드 (flavonoid) 성분이 살균(殺菌)·살충(殺蟲) 작용을 하기 때문이다. 그래서 노란 은행잎을 헝겊에 싸서 집 안 구석구석에 놓아두면 바퀴벌레 등의 해충이 없어 지고 건강에도 좋다. 은행잎에 들어 있는 징코라이드(ginkgolides) A·B·C를 비롯하여 진놀, 프라보놀(flavonol) 등의 성분들은 관련 질병의 예방과 치료에 기대를 모으고 있다. 차나 술, 죽 등 식품으로도 다양하게 개발이 진행 중이 다. 차로 이용할 때는 음력 5월에 따서 그늘에 말린 은행잎 35g에 감초 15g을 넣고 달인 물을 수시로 마시면 몸속에 쌓인 독을 풀고 혈압을 내리는 데 효과 가 좋다.

찔레술

영실주, 營實酒

이질, 설사, 소변을 보기 어려울 때, 생리 불순, 변비에 좋은 약술

[재료]

영실(營實, 찔레 열매) 150g / 설탕 100g / 소주 1,800㎖

[제조 방법]

① 잘 익은 찔레 열매를 채취하여 깨끗이 씻어서 그늘진 곳에 완전히 말린 것을 막걸리에 살짝 담갔다가 건져서 시루에 가볍게 쪄서 다시 완전히 말린 뒤에 이용한다. 찔레 열매에는 약간의 독성이 있으므로 반드시 법제(法製)하여 이용한다.

② 재료를 용기에 넣고 소주와 설탕을 부어 밀봉하여 시원한 곳에 저장한다.

③ 처음 3~5일간은 1일 1회 정도 용기를 가볍게 흔들어 준다.

④ 3개월 뒤에 개봉하여 여과지에 거른 다음 다시 숙성시킨다.

⑤ 6개월 이상 숙성한 뒤에 복용한다.

⑥ 특유의 떫은맛과 향이 조화를 이루는 약술이다.

[효능]

이질이나 설사, 장이 좋지 않을 때, 이뇨, 강정, 당뇨병 등에 이용된다. 여성의 생리통이나 생리 불순, 변비, 신장염, 방광염, 각기(脚氣), 수종(水腫) 등의 치료에도 효과가 있다.

약재 찔레

[복용법]

1일 2회 20~30㎖씩 아침저녁으로 식후에 복용한다.

찔레

[총론]

- 이명 _ 찔레, 가시나무, 찔구
- 한약명 _ 석산호(石珊瑚), 영실(營實)

찔레나무 열매를 영실이라 하여 한방약으로 이용한다. 잎은 청즙(靑汁)으로 이용하고, 갓 자란 잎과 순은 쪄 먹기도 하고 새순을 그냥 까서 먹기도 한다. 꽃으로 약술을 담글 때는 활짝 피기 전의 꽃을 따다 이용한다. 장이 약해서 이질이나 설사가 잦은 사람은 영실주를 꾸준히 복용하면 효과가 좋다. 예부터 이뇨(利尿)·소염(消炎)·소화(消化)·완하제(緩下劑)로 널리 이용되어 왔다. 찔레 열매는 여성의 생리통(生理痛)이나 경행 불순(經行不順), 변비(便秘), 신장염(腎臟炎), 방광염(膀胱炎), 각기(脚氣) 등에 치료 효과가 있다. 열매만 이용할 경우에는 열매를 술에 적셔 시루에 쪄서 말리는 과정을 아홉 번 반복하여 완전히 말린 뒤에 가루로 내어 복용한다.

동충하초주

冬蟲夏草酒

강 정 효 과 가 있 고 , 오 래 된 해 수 기 침 에 좋 은 약 술

[재료]

동충하초(冬蟲夏草) 2봉(100g) / 가구자(家韭子, 부추 씨) 100g / 설탕 50g / 소주 1,800㎖

[제조 방법]

① 동충하초와 가구자를 함께 용기에 넣고 소주와 설탕을 부어 밀봉하여 시원한 곳
　에 저장한다.
② 처음 3∼5일간은 1일 1회 정도 용기를 가볍게 흔들어 준다.
③ 3개월 이상 지난 뒤에 개봉하여 약재를 건져 내고 여과지에 걸러서 다시 밀봉하
　여 저장한다.
④ 6개월 이상 숙성시켜 보관하며 복용한다.

[효능]

강정(强精) 효과가 있으며, 오래된 해수 기침에 효과가 있다. 항암 작용도 있는 것으
로 알려져 있다.

[복용법]

1일 2회 20∼30㎖씩 아침저녁으로 식후에 복용
한다.

약재 동충하초

동충하초

[총론]

• 이명 _ 충초(蟲草), 하초동충(夏草冬蟲), 편복아
• 한약명 _ 동충하초(冬蟲夏草)

　동충초(冬蟲草) 또는 충초(蟲草)라고도 하며, 매미 등 곤충류나 거미류에 기생하는 균류(菌類)의 일종이다. 겨울에는 토양 속의 시체에 기생하고, 여름이면 균사에서 자실체(子實體)가 풀처럼 자라기 때문에 동충하초라는 이름이 붙여졌다. 폐를 보호하고 신장을 튼튼하게 하며, 담을 삭히고 기침을 멎게 하는 작용이 있으며, 면역력 증강이나 염증 억제 등과 같이 자연 치유력을 높이는 효과도 있다.

　가구자(家韭子)는 부추 씨로, 몽정(夢精)이나 유뇨(遺尿), 대하(帶下) 등에 효과가 있어서 동충하초와 함께 술로 만들면 좋다. 동충하초술은 음위증(陰萎症)과 정력 보강에 좋은 약술이다.

탱자술

지실주, 枳實酒

소 화 불 량 , 뱃 속 에 가 스 가 차 거 나 감 기 몸 살 초 기 에 좋 은 약 술

[재료]

탱자(생것) 500g / 설탕 100g / 소주 1,800㎖

[제조 방법]

① 가을에 노랗게 익은 탱자를 구하여 깨끗이 씻어 물기를 제거한 뒤 하루 정도 그늘
　진 곳에 말려 이용한다.

② 탱자를 용기에 넣고 소주와 설탕을 부어 밀봉하여 시원한 곳에 저장한다.

③ 처음 3~5일간은 1일 1회 정도 용기를 가볍게 흔들어 준다.

④ 3개월 이상 지난 뒤에 개봉하여 여과지에 걸러서 다시 숙성시킨다.

⑤ 6개월 이상 숙성시켜 보관하며 복용한다.

⑥ 탱자를 반으로 갈라서 술을 담그면 숙성되는 속도는 빠르지만 술이 탁해지기 쉬
　우므로 통째로 담는 것이 좋다.

⑦ 담황색을 띠며, 강한 탱자 향과 약간 신 뒷맛이 독특한 풍미를 더해 주는 약술이다.

[효능]

건위(健胃) 작용을 하고 피로를 풀어 주며, 소화 불량
이나 뱃속에 가스가 찰 때, 감기 몸살 등에 효과가 있
다. 외용(外用)으로 물과 글리세린(glycerin)에 희석한
것을 피부에 바르면 거친 피부나 두드러기에 좋다.

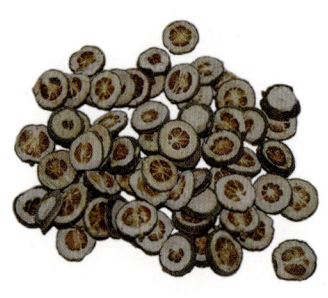

약재 탱자

[복용법]

1일 2회 20~30㎖씩 아침저녁으로 식후에 복용한다.

탱자

[총론]

- 이명 _ 탱자
- 한약명 _ 지실(枳實)

　어린 탱자 열매는 건위제로, 완숙한 열매는 피부 질환 치료제로 이용된다.

　어린 탱자 열매의 한약명은 지실로, 소화 불량이나 식욕 부진, 적취(積聚 : 오랜 체증으로 인해 뱃속에 덩어리가 생기는 병) 등에 많이 이용하고, 완전히 익은 탱자는 두드러기나 피부 질환을 치료하는 데 이용한다. 『동의보감(東醫寶鑑)』과 『본초도감(本草圖鑑)』에 의하면 '탱자 열매는 피부병을, 열매 껍질은 기침을, 뿌리 껍질은 치질을, 줄기 껍질은 종기(腫氣)와 풍증(風症)을 낫게 한다' 고 한다. 담이 있어 가슴이 답답하며 기침이 날 때, 음식이 잘 소화되지 않고 명치가 거북할 때, 옆구리가 결리고 아플 때 이용하면 좋다.

다래술

미후도주, 獼候桃酒

피로 회복, 강정 강장, 보혈, 불면증, 건위, 정장에 좋은 약술

[재료]

다래 1,000g / 설탕 300g / 소주 1,800㎖

[제조 방법]

① 잘 익은 다래를 골라 물에 깨끗이 씻어서 하루 정도 그늘진 곳에 말려 물기를 완전히 제거한 뒤에 이용한다.

② 다래를 용기에 넣고 소주와 설탕을 부어 밀봉하여 시원한 곳에 저장한다.

③ 처음 3~5일간은 1일 1회 정도 용기를 가볍게 흔들어 준다.

④ 3개월 뒤에 개봉하여 여과지에 완전히 걸러서 다시 숙성시킨다.

⑤ 6개월 이상 숙성하여 보관하며 복용한다.

⑥ 연한 황갈색을 띠며, 맛과 향이 좋은 약술이다.

[효능]

비타민이 풍부하며, 방광염과 신장성 부종(腎臟性浮腫)에 효과가 좋다. 특히 불면증에 좋은 약술이다. 냉증이나 신경통, 요통, 이뇨, 병후 회복에 빠른 효과가 있고, 식욕을 증진시키고 소화에 도움을 준다.

약재 다래

[복용법]

1일 2회 20~30㎖씩 아침저녁으로 식후에 복용한다.

다래

[총론]

- 이명 _ 조인삼(租人蔘), 미후도, 등리

- 한약명 _ 미후도(獼候桃)

　익은 다래 열매를 약용으로 이용한다.

　다래는 맛이 새콤달콤하며, 키위와 비슷해서 키위를 양다래라고도 부른다. 병후 기력 회복과 식욕 증진, 진통에 좋고 심한 갈증을 풀어 주는 효과가 뛰어나다. 해열(解熱)·지갈(止渴)·통림(通淋)의 효능이 있으며, 가슴이 답답하면서 열이 많은 증상을 치료하고, 소갈증(消渴症)을 풀어 준다. 급성 전염성 간염에도 효과가 있다. 다래덩굴 수액은 항암 작용이 있고, 부종이나 신장병에 효과가 있다. 다래 뿌리는 성질이 서늘하며, 약간의 독이 있다. 열을 내리고 소변이 잘 나오게 하며, 혈을 잘 돌게 하고 부종을 내려 준다.

054

석류주

石榴酒

건위 정장(健胃整腸), 피로 회복, 위장이 약해 설사를 하는 증상에 좋은 약술

[재료]

석류(큰 것) 5개(500g 정도) / 설탕 200g / 소주 1,800㎖

[제조 방법]

① 10~11월 경에 잘 익은 석류를 골라 물수건으로 깨끗이 닦아 마른 가제로 물기를 제거한다.

② 석류를 2~3조각으로 잘라 용기에 넣고 소주와 설탕을 부어 밀봉하여 시원한 곳에 저장한다. 상했거나 지나치게 많이 익은 것은 사용하지 않는다.

③ 처음 3~5일간은 1일 1회 정도 용기를 가볍게 흔들어 준다.

④ 3개월 뒤에 약재를 걸러 낸 뒤 밀봉하여 시원한 곳에 저장한다.

⑤ 6개월 이상 숙성시켜 보관하며 복용한다.

⑥ 완전히 숙성되면 담홍색을 띠며, 향기 좋은 약술이 된다.

[효능]

건위 정장, 설사, 이질, 장 출혈에 효과적이며, 잦은 피로나 위장이 약해 설사를 할 때, 거친 피부에도 효과가 있다. 구충제의 효능도 있다.

약재 석류

[복용법]

1일 2회 20~30㎖씩 아침저녁으로 식후에 복용한다. 마실 때 취향에 따라 설탕을 더 넣어도 된다. 다른 술이나 탄산 음료와 섞어 마셔도 좋다.

석류

[총론]

- 이명 _ 석류피, 산류, 안석류
- 한약명 _ 석류피(石榴皮)

석류 열매의 과피를 약용한다.

석류는 초여름에 짙은 주홍색 꽃이 피고, 가을이 되면 탐스러운 열매가 열린다. 잘 익은 석류는 끝이 벌어지면서 속에 든 알맹이가 보이기 때문에 미인의 치아에 비유되기도 한다. 석류 열매는 특히 위장병을 다스리는 효과가 있는데, 위에 들어가서 위산이 많으면 감소시키고 부족하면 보충하는 조절 역할을 한다. 석류주는 이질이나 설사, 원인 모를 복통을 멈추게 하는 신비로운 술이다. 편도선염이나 구내염, 소화 불량, 위장병에도 좋아 식사 전후에 반주로 마시면 소화가 잘되고, 피부 미용에도 효과가 있다.

055

마늘술

대산주, 大蒜酒

신경성 피로를 풀어 주고 머리를 맑게 하며, 양기를 도와주고 몸을 따뜻하게 하는 약술

[재료]

마늘 300g / 설탕 100g / 소주 1,800㎖

[제조 방법]

① 간 마늘을 용기에 넣고 설탕과 소주를 부어 밀봉하여 시원한 곳에 저장한다.
② 처음 3~5일간은 1일 1회 정도 용기를 가볍게 흔들어 준다.
③ 1년 이상 숙성한 뒤 거르지 않은 상태로 그대로 복용한다.
④ 오래 숙성할수록 약효가 좋으며, 오래 두면 흑갈색으로 변한다.

[효능]

신경성 피로를 없애 주고 머리를 맑게 하며, 양기를 도와주고 비위(脾胃)를 튼튼하게 한다. 속을 따뜻하게 하며 기관지염과 정력 증진, 근육통, 복통 등에도 효과가 있다.

[복용법]

1일 2회 20~30㎖씩 아침저녁으로 식후에 복용한다. 향과 매운맛이 강하므로 과일주나 토닉워터로 희석해서 복용한다.

약재 마늘

※ 주의 : 몸에 열이 많아 얼굴이 자주 달아오르거나 눈, 혀, 목, 입 등에 염증이 자주 나는 사람은 마시지 않는 것이 좋다. 마늘을 지나치게 많이 먹을 경우 피부가 붉게 변하고 화끈거리며, 심한 경우 수포가 생기고 간이 상할 수 있다.

마늘

[총론]

- 이명 _ 산(蒜), 대산(大蒜), 호산(胡蒜)
- 한약명 _ 대산(大蒜)

마늘은 예부터 식용과 약용으로 많이 쓰여 왔다. 항균 작용이 뛰어나 세균 감염으로부터 몸을 보호하고 항암 효과가 있는 것으로 밝혀졌다. 따뜻한 성질을 갖고 있어서 신진대사(新陳代謝, 물질대사)를 활발하게 하고 몸을 따뜻하게 하며, 말초 혈관을 확장시키는 작용을 하기 때문에 손발이 차고 아랫배가 찬 사람이 복용하면 효과가 있다. 또한 위액 분비와 혈액 순환을 촉진하여 신체 면역 기능을 강화하고, 혈중 콜레스테롤을 낮춰 주어 동맥경화를 억제하기도 한다. 소화 기능을 튼튼하게 하고 곽란과 복통을 멎게 한다.

달래술

정력 보강과 빈혈에 효과적이고, 동맥경화 예방에 좋은 약술

[재료]

달래 뿌리 500g / 꿀 100g / 소주 1,800㎖

[제조 방법]

① 튼튼하고 뿌리가 굵은 달래를 골라 깨끗이 씻어 그늘에서 하루 정도 말려 물기를 완전히 없앤 뒤 이용한다.

② 준비한 재료를 용기에 넣고 소주와 설탕을 부어 밀봉하여 시원한 곳에 저장한다.

③ 처음 3~5일간은 1일 1회 정도 용기를 가볍게 흔들어 준다.

④ 3개월 이상 지난 뒤에 여과지에 걸러서 다시 숙성시킨다.

⑤ 6개월 이상 숙성시켜 보관하며 복용한다.

⑥ 담황색을 띠며, 독특한 향이 나는 약술이다.

[효능]

달래는 마늘처럼 맵고 뜨거워 속을 따뜻하게 하고 양기를 보강하여 정력에 좋다. 빈혈에 효과적이고 동맥경화를 예방해 주며, 불면증에도 효과가 있다.

약재 달래

[복용법]

1일 2회 20~30㎖씩 아침저녁으로 식후에 복용한다.

달래

[총론]

- 이명 _ 묘산, 수채엽, 달래
- 한약명 _ 해백(薤白)

달래의 전초를 식용과 약용으로 이용한다.

수채엽이라고 불리는 달래는 옛날부터 불면증에 효과가 있다고 알려져 왔다. 추위에 비교적 강하고, 비타민이 고루 들어 있다. 잠자기 전에 달래술을 마시면 잠이 잘 온다. 내장(內臟)을 따뜻하게 하고 음식을 잘 소화시켜 주며, 토사곽란(吐瀉霍亂)을 멎게 하고 종독(腫毒)을 치료한다. 마늘, 파, 부추, 달래는 모두 정력에 좋은 식품으로, 맛은 맵고 성질은 따뜻하며, 혈액 순환을 촉진하고 통증을 완화해 주는 작용이 있다. 또한 소화 기관을 따뜻하게 하고 위를 건강하게 해 주므로 달래를 먹으면 소화도 잘되고 식욕도 좋아진다.

057

오수유주

吳茱萸酒

손발과 아랫배가 차며 때때로 통증이 있을 때 마시면 좋은 약술

[재료]

오수유(吳茱萸) 100g / 설탕 100g / 소주 1,800㎖

[제조 방법]

① 약간 덜 익어 딱딱하고 충실한 열매를 골라 꼭지를 떼어 낸 다음 깨끗이 씻어 그
  늘에서 1주일 정도 완전히 말려 이용한다.
② 재료를 용기에 넣고 소주와 설탕을 부어 밀봉하여 시원한 곳에 저장한다.
③ 처음 3~5일간은 1일 1회 정도 용기를 가볍게 흔들어 준다.
④ 3개월 뒤에 개봉하여 약재를 건져 내고, 건져 낸 약재의 1/5 정도를 다시 용기에
  넣어 밀봉하여 시원한 곳에 저장한다.
⑤ 6개월 뒤에 완전 개봉하여 여과지에 걸러서 보관하며 복용한다.
⑥ 엷은 핑크색을 띠며, 독특한 향이 나는 약술이다. 향이 강하므로 다른 술과 희석
  하거나 섞어 마셔도 좋다.

약재 오수유

[효능]

손발과 아랫배가 차고 때때로 통증이 있을 때 마
시면 효과적이며, 위산 과다나 체내 기생충이 있
을 때, 설사가 날 때 장(腸)을 깨끗하게 해 준다.

[복용법]

1일 2회 20~30㎖씩 아침저녁으로 식후에 복용
한다.

오수유

[총론]

• 이명 _ 오초, 약수유
• 한약명 _ 오수유(吳茱萸)

약간 덜 익은 오수유 열매 말린 것을 약용으로 이용한다.

오수유는 진통(鎭痛) 작용이 있고, 중추 신경을 흥분시켜서 신진대사를 촉진하며, 지혈(止血) 작용도 한다. 교감 신경계를 흥분시키고 장(腸)의 연동 운동을 촉진하며, 장 내의 이상 발효를 억제하여 가스를 제거해 준다. 또한 장기를 따뜻하게 하고 아랫배가 차면서 아픈 증상을 완화해 주며, 여성의 손발이 차면서 경행 불순(經行不順)인 경우에 자주 처방된다. 그 밖에도 위액 분비를 억제하고 항궤양 작용을 하며, 구토를 억제하고 이뇨를 돕는다.

058

해당화술
海棠花酒

강정(强精), 신장염, 방광염, 귀울음[耳鳴], 당뇨병 등에 좋은 약술

[재료]

해당화(海棠花) 열매 500g(생것) / 설탕 100g / 소주 1,800㎖

[제조 방법]

① 해당화 열매를 물에 깨끗이 씻어 물기를 완전히 제거하여 용기에 넣고 소주와 설탕을 부어 밀봉하여 시원한 곳에 저장한다.
② 처음 3~5일간은 1일 1회 정도 용기를 가볍게 흔들어 준다.
③ 3개월 뒤에 개봉하여 약재를 건져 내고 여과하여 다시 밀봉하여 저장한다.
④ 6개월 이상 숙성하여 보관하며 복용한다.
⑤ 아름다운 호박색을 띠며, 은은한 신맛과 떫은맛이 나는 술이다.

[효능]

강정을 위해 주로 담가 먹는데, 방광염에 좋으며 귀가 울리고 아픈 데도 쓰인다. 익은 해당화 열매는 황적색으로, 비타민C가 풍부하여 피로 회복에 좋고, 당뇨병에도 효과가 있다.

약재 해당화

[복용법]

1일 2회 20~30㎖씩 아침저녁으로 식후에 복용한다.

해당화

- 이명 _ 해당과, 해당나무, 필두화
- 한약명 _ 매괴화(梅槐花)

꽃송이를 약용으로 이용하며, 뿌리도 자주 이용한다. 열매는 약술용으로 이용한다.

매괴화는 산어혈(散瘀血)의 효능이 있고, 급·만성 유주성 관절 풍습통에 쓰이며, 토혈(吐血)이나 각혈(咯血)에도 쓰인다. 월경 불순이나 월경 과다, 적백대하(赤白帶下) 등의 부인과 영역에도 이용되고, 일반 장염이나 설사 등에도 이용된다. 이와 비슷한 효능이 되겠지만 오심이나 구토, 소화 불량, 결핵성 기침 등에도 쓰인다. 열매는 주로 약술을 담그는 데 이용하고, 강정, 신장병, 방광염, 귀울음, 당뇨병 등에도 효과가 있다.

059

비자주

榧子酒

구충·강장 작용을 하며, 기관지 천식과 윤장(潤腸) 기능에 좋은 약술

[재료]

비자(榧子) 300g(깐 것) / 설탕 100g / 소주 1,800㎖

[제조 방법]

① 잘 익은 비자 열매를 선택하여 껍질을 까서 살짝 볶아 각질은 버리고 알맹이만 이
   용한다.

② 용기에 재료와 설탕을 넣고 소주를 부어 밀봉하여 시원한 곳에 저장한다.

③ 처음 3~5일간은 1일 1회 정도 용기를 가볍게 흔들어 준다.

④ 6개월 정도 숙성한 뒤에 여과하여 보관하며 복용한다.

⑤ 엷은 호박색을 띠며, 비자 특유의 떫은맛과 수지 향을 지닌 약술이다.

[효능]

강장(强壯)·정장(整腸), 혈압 강하 작용이 있으며, 구충(求蟲) 작용이 강하다. 기관지
천식에 효과적이며, 윤장(潤腸 : 대장을 윤택하게 하여 부드럽게 함) 작용이 있어 장 기
능을 원활하게 한다.

약재 비자

[복용법]

1일 2회 20~30㎖씩 아침저녁으로 식후에 복용
한다.

비자

[총론]

- 이명 _ 비, 비지낭, 비실
- 한약명 _ 비자(榧子)

비자나무 열매를 약용으로 이용한다.

비자는 구충제로 많이 쓰이고, 음식이나 제사상에 오르기도 한다. 지방이 함유되어 있어 비자유를 짜는 데 이용되기도 한다. 기관지 천식과 장 기능에 효과가 있고, 콜레스테롤을 제거하는 작용도 있어서 상시(常時) 복용하면 고혈압을 예방하고 치료하는 데 도움이 된다. 요통과 빈뇨(頻尿)에도 좋다. 기침과 백탁(白濁 : 소변이 혼탁하여 뿌연 증상)을 다스리고, 폐 기능 강화와 소화 촉진, 치질, 탈모, 기생충을 예방하는 데도 좋다. 충독(蟲毒)과 악독(惡毒) 제거에도 이용된다.

으름술

임하부인주, 林下婦人酒

갈증을 풀어 주고 소변을 잘 나오게 하며, 피부를 윤택하게 해 주는 약술

[재료]

으름 열매 500g / 설탕 100g / 소주 1,800㎖

[제조 방법]

① 으름은 완전히 익기 전의 갈라지지 않은 것을 골라 껍질째 깨끗이 씻어 하루 정도 그늘에 말려 물기를 완전히 제거하여 이용한다.

② 용기에 으름을 넣고 소주와 설탕을 부어 밀봉하여 시원한 곳에 저장한다.

③ 처음 3~5일간은 1일 1회 정도 용기를 가볍게 흔들어 준다.

④ 3개월간 숙성한 뒤에 여과지에 걸러 내고 보관한다.

⑤ 6개월 이상 숙성한 뒤에 복용한다.

⑥ 맑은 적갈색을 띠며, 단맛과 쓴맛을 함께 지니고 있어 맛이 은은하고 배 향기가 나는 약술이다.

[효능]

신장염, 방광염, 두통, 요도염 치료와 예방, 이뇨에 효과가 있고, 산모의 젖을 잘 나오게 하며, 산후 부종에 좋다.

약재 으름

[복용법]

1일 2회 20~30㎖씩 아침저녁으로 식후에 복용한다.

※ 주의 : 으름은 껍질째 이용해야 효능이 좋다. 터진 것을 이용하면 술이 빨리 탁해지고 색이 어두워진다. 임산부와 위염이 심한 사람은 복용을 금해야 한다.

으름

[총론]

- 이명 _ 으름덩굴, 목통, 조선바나나, 임하부인
- 한약명 _ 목통(木通 = 으름덩굴), 임하부인(林下婦人 = 으름덩굴 열매)

으름열매는 갈증을 풀어 주는 효과가 있다. 성분이 고르고, 맛이 맵고 달며, 독이 없고 오림[五淋 : 石淋(석림) · 氣淋(기림) · 膏淋(고림) · 勞淋(노림) · 血淋(혈림) 등의 배뇨 장애]을 낫게 하며, 소변을 이롭게 하고 수종(水腫)과 번열(煩熱 : 몸에 몹시 열이 나고 가슴이 답답하며 괴로운 증상)을 없애 주며, 3충(三蟲 : 회충 · 요충 · 촌충)을 죽인다. 열매 안쪽의 까만 씨앗을 연복자라고 하니, 즉 목통의 열매다. 으름덩굴을 목통이라 하며, 소변을 잘 나오게 한다. 신장염으로 인한 부종이나 신경통 · 관절염으로 인한 부종, 산후 부종에 으름덩굴을 달여서 복용하면 효과가 좋다.

감잎주

생활습관병을 예방하고, 고혈압과 노화 방지에 좋은 약술

[재료]

감잎(생것) 500g / 설탕 100g / 소주 1,800㎖

[제조 방법]

① 5~6월에 난 어린 감잎을 채취하여 물에 깨끗이 씻어 이틀 정도 그늘에서 말려 이
   용한다.
② 용기에 감잎과 설탕을 넣고 소주를 부어 밀봉하여 시원한 곳에 저장한다.
③ 처음 3~5일간은 1일 1회 정도 용기를 가볍게 흔들어 준다.
④ 6개월 정도 숙성하여 여과지에 걸러서 보관하며 복용한다.
⑤ 담황색을 띠며, 약간 떫은맛이 나고, 녹차처럼 은은한 향이 좋은 약술이다.

[효능]

혈압 강하, 진해, 빈혈, 동맥경화, 만성 천식, 당뇨병 등의 생활습관병을 예방하는 효
능이 있으며, 노화 방지, 즉 체세포(體細胞)를 젊게 하며 피부 미용에도 좋다.

약재 감잎

[복용법]

1일 2회 20~30㎖씩 아침저녁으로 식후에 복용
한다. 물과 희석하여 꿀이나 음료를 첨가하여 마
셔도 좋다.

감나무

[총론]

  감잎은 특히 비타민C를 많이 함유하고 있다. 차로 만들어 마시면 독성이나 부작용이 없는 이뇨제로 좋고, 심장병과 신장병, 고혈압, 생활습관병에 효능이 좋다. 5~6월경에 어린잎을 따서 물에 깨끗이 씻어 물기를 제거하고 5mm 정도로 얇게 썰어 녹차 만드는 방식을 이용하면 된다. 녹차처럼 우려내어 1일 1~2회 정도 마신다. 정신 노동을 많이 하는 사람이나 공부를 하는 학생들의 뇌세포 활동을 증진하는 데도 감잎차가 도움이 된다.

  감잎에 들어 있는 탄닌(tannin) 성분은 부종이 있을 때 부기를 빼 주는 역할을 하고 독성 물질을 해독해 주며, 저항력을 높이고 근육에 쌓인 피로를 풀어 주는 효과가 있다.

감술

혈압을 내려 주고, 진해 작용에 효과가 좋은 약술

[재료]

잘 익은 감 10개(1kg 정도) / 소주 1,800㎖

[제조 방법]

① 잘 익은 단단한 감을 골라서 깨끗이 씻어 꼭지를 떼어 낸 뒤 물기가 완전히 빠지
   도록 하루 정도 말린다.
② 감을 2등분하여 용기에 넣고 소주를 부어 밀봉하여 시원한 곳에 저장한다.
③ 3개월 뒤에 개봉하여 감은 건져 내고 여과지에 걸러서 다시 밀봉하여 저장한다.
④ 6개월 이상 숙성하여 여과지에 걸러서 보관하며 복용한다.
⑤ 다갈색을 띠며, 달콤한 맛이 나는 약술이다.

[효능]

혈압을 내려 주고, 진해 작용이 있다.

[복용법]

1일 2회 20~30㎖씩 아침저녁으로 식후에 복용한다.

약재 감

감

[총론]

    감은 맛이 달고 성질은 약간 차며, 독이 없다. 심폐(心肺) 기능을 도와 갈증을 멎게 하고 심화로 인한 열을 내려 주며, 열독(더위로 인한 발진)과 주독을 풀어 주며, 토혈을 멈추게 한다. 《본초비효》에는 숙혈(피가 머무는 것)을 없애고 폐열과 토혈, 반위(反胃 : 구역질), 장풍(腸風 : 창자 꼬임), 치질을 다스리는 데 쓰였다고 기록되어 있다. 비타민C가 풍부하여 환절기 감기 예방과 전염병 예방에 좋다. 다른 과일에 비해 단백질·지방·탄수화물·회분·인산·철분은 낮은 반면 칼로리는 높아 일시적으로 체온을 낮추기도 한다. 감에 풍부한 구연산은 청뇨(淸尿 : 소변을 깨끗하게 해 줌)와 근육의 탄력 강화, 숙취 해소, 뇌졸중, 고혈압, 동맥경화 예방에 효과가 있다. 곶감 꼭지를 달여 먹으면 딸꾹질을 멈추게 한다.

국화주

菊花酒

노화를 방지하는 효과가 있으며, 장수주(長壽酒)로 알려진 약술

[재료]

국화(법제한 것) 30g / 설탕 100g / 소주 1,800㎖

[제조 방법]

① 준비한 황국(黃菊) 또는 산국(山菊)을 깨끗이 씻어서 하루 정도 그늘에 말린 뒤 막
  걸리에 적셔서 살짝 쪄 낸다. 그것을 완전히 말려 막걸리에 적셔 한번 더 찐다. 이
  렇게 3증(蒸)해서 완전히 말린 국화는 차 또는 약술의 재료로 이용할 수도 있다.

② 준비한 국화를 용기에 넣고 소주와 설탕을 부어 밀봉하여 시원한 곳에 저장한다.

④ 처음 3~5일간은 1일 1회 정도 용기를 가볍게 흔들어 준다.

⑤ 3개월간 숙성한 뒤에 여과하여 저장한다.

⑥ 6개월 이상 숙성한 뒤에 보관하며 복용한다. 오래 숙성할수록 좋다.

⑦ 강한 국화 향과 쌉싸름한 맛을 지닌 약술이다.

[효능]

강장, 고혈압 예방, 혈액 순환 촉진, 노화 예방, 현기증, 두통, 피로 회복에 효과적이다.

약재 국화

[복용법]

1일 2회 20~30㎖씩 아침저녁으로 식후에 복용한
다. 약간 쓴맛과 강한 향 때문에 그대로 마시기 어
렵다면 물과 희석하거나 향이 약한 과실주와 섞
어 마셔도 좋다.

국화

[총론]

- 이명 _ 산황국, 황국, 야국
- 한약명 _ 감국(甘菊)

황국의 꽃봉오리를 약용으로 이용한다.

국화술은 노화 예방 효능이 있으며, 장수주로도 꼽힌다. 약재로 활용하는 것은 감국(甘菊)이라 불리는 약용 국화다. 한의학에서 국화는 두통과 어지럼증을 풀어 주고, 팔 다리의 감각이 마비되는 증상 등의 신경 계통 장애를 치료하는 효능이 있다. 그 밖에도 간장의 기능을 회복시키며, 눈의 피로를 풀어 준다.

국화는 활용 방법이 다양한데, 심한 두통이나 불면증으로 고생할 때는 말린 국화를 베갯속으로 이용하면 좋다. 국화 향을 맡으며 숙면을 취하면 머리가 맑아지고 기억력이 좋아진다. 머리가 멍하고 피로가 계속된다면 따뜻한 국화죽을 먹는 것도 좋은 방법이다.

민들레술

포공영주, 蒲公英酒

기 관 지 염 , 천 식 , 해 수 , 위 무 력 증 , 허 약 체 질 개 선 에 좋 은 약 술

[재료]

민들레(생것) 500g / 설탕 200g / 소주 1,800㎖

[제조 방법]

① 이른봄에 핀 민들레꽃을 뿌리채 캐서 깨끗이 씻은 뒤 하루 정도 그늘에 말린다.

② 용기에 재료를 넣고 소주와 설탕을 부어 밀봉하여 시원한 곳에 저장한다.

③ 처음 3~5일간은 1일 1회 정도 용기를 가볍게 흔들어 준다.

④ 3개월 뒤에 약재를 건져 내고, 건져 낸 약재의 1/5 정도를 다시 용기에 넣어 밀봉
하여 시원한 곳에 저장한다.

⑤ 6개월 이상 숙성한 뒤에 여과지에 걸러서 보관하며 복용한다.

⑥ 보기 좋은 담황색을 띤 약술이다.

[효능]

해열제로 유명하다. 기관지염, 천식, 해수, 가래가 많은 사람이 상음하면 효과를 볼
수 있다. 만성 위염이나 허약 체질을 개선하는 데도 좋다.

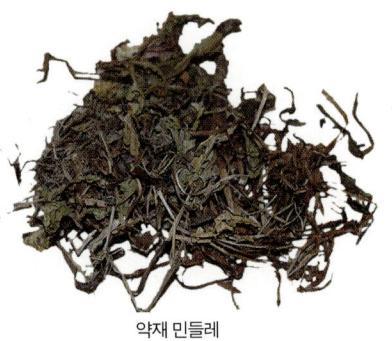

약재 민들레

[복용법]

1일 2회 20~30㎖씩 아침저녁으로 식후에 복
용한다. 쓴맛이 강하기 때문에 물이나 꿀을 첨
가하여 복용해도 좋다.

민들레

[총론]

• 이명 _ 금잠초, 지정, 포공영
• 한약명 _ 포공영(蒲公英)

　민들레의 전초를 약용으로 이용한다.

　민들레는 위장 운동을 돕는 작용이 있어서 위가 약하거나 설사, 변비가 있는
사람에게 좋다. 특히 술을 담가 꾸준히 마시면 허약 체질 개선에 효과가 있다.
한약명은 포공영으로 소염 해독제로 주로 이용되며, 열을 내리고 소변이 잘 나
오게 하며, 염증을 없애 주고 위장을 튼튼하게 한다. 또한 젖이 잘 나오게 하고
독을 풀어 주며, 피를 맑게 하는 작용이 있어서 유방암이나 임파선염, 종기(腫
氣), 악창(惡瘡)에 많이 이용된다.

검은콩술

두림주, 豆淋酒

동 맥 경 화 나 고 혈 압 예 방 , 해 독 에 효 능 이 좋 은 약 술

[재료]

검은콩 300g / 설탕 100g / 소주 1,800㎖

[제조 방법]

① 먼저 젖은 헝겊으로 검은콩을 잘 닦은 뒤 마른 헝겊으로 물기를 완전히 제거하여
　 프라이팬에 노릇노릇하게 볶는다.

② 볶은 콩을 용기에 넣고 소주와 설탕을 부어 밀봉하여 시원한 곳에 저장한다.

③ 처음 3~5일간은 1일 1회 정도 용기를 가볍게 흔들어 준다.

④ 3개월 뒤에 개봉하여 콩을 걸러 내고 여과하여 숙성시킨다.

⑤ 6개월 이상 숙성한 뒤에 보관하며 복용한다.

[효능]

고혈압에 효과적이며, 뛰어난 해독 효과가 있다. 동맥경화와 혈중 콜레스테롤의 산
화 방지에 효과가 있다.

[복용법]

1일 2회 20~30㎖씩 아침저녁으로 식후에 복용한다.

약재 검은콩

검은콩

[총론]

• 이명 _ 검은콩, 흑대두, 속청, 쥐눈이콩, 약콩
• 한약명 _ 서목태(鼠目太)

　검은콩은 해독 작용이 뛰어나서 고기나 어패류, 생선에 중독되었을 때 검은
콩을 삶아서 그 물을 마시거나 탕으로 만들어 먹으면 효과가 있다. 혈관을 튼
튼하게 해 주고, 동맥경화나 고혈압 예방에 좋다. 또한 검은콩에는 체세포의
재료가 되는 양질의 단백질이 들어 있는데, 특히 부족한 여성 호르몬을 보충하
는 작용이 있어서 여성에게 좋다. 몸속에 남아 있는 염분을 소변과 함께 배출
해 주고 혈액을 맑게 하며, 어린이의 두뇌 발달에도 좋다.

　검은콩에는 또한 말초 혈관의 혈액 순환을 원활하게 하는 성분이 들어 있어
서 탈모와 백발에 효과가 있다. 하수오, 검은깨와 함께 백발 예방에 많이 이용
된다.

065

천마주

天麻酒

두통, 중풍, 불면증, 고혈압, 우울증 같은 뇌 질환에 좋은 약술

[재료]

천마(天麻) 150g(생것 500g) / 설탕 100g / 소주 1,800㎖

[제조 방법]

① 천마를 깨끗이 씻어서 바람이 잘 통하는 그늘에 2일 정도 말려서 이용한다.

② 손질한 천마를 용기에 넣고 소주와 설탕을 부어 밀봉하여 시원한 곳에 저장한다.

③ 처음 3~5일간은 1일 1회 정도 용기를 가볍게 흔들어 준다.

④ 6개월 이상 숙성하여 약재를 그대로 두고 복용한다.

⑤ 생천마를 이용하면 천마주에서 약간 풋내가 나고, 말린 것을 이용하면 약간 지린
　내가 난다.

[효능]

고혈압, 뇌졸중, 불면증 등 온갖 뇌혈관 계통의 질병에 효과가 좋고, 백혈병, 간경화,
각종 암, 빈혈, 어지럼증에도 효과가 있다.

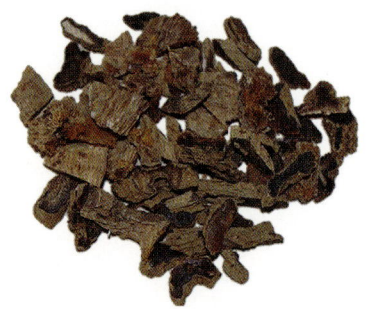

약재 천마

[복용법]

1일 2회 20~30㎖씩 아침저녁으로 식후에 복용
한다. 천마 생것을 갈아서 소주에 타서 마셔도
된다.

천마

[총론]

- **이명** _ 수자해좃, 적전지, 정풍초
- **한약명** _ 천마(天麻)

수자해좃의 뿌리줄기를 천마라 하고, 천마의 싹을 적전이라 한다.

천마는 뇌 질환 계통의 질병에 좋은 한약으로, 피를 맑게 하고 어혈을 없애 주며 풍(風), 담(痰), 습(濕)을 제거하며, 마음을 진정시킨다. 소염(消炎)·생진(生津)·지혈(止血)·지사(止瀉)·해독(解毒)·진통(鎭痛)·진정(鎭精)·안신(安神: 정신을 안정시켜 줌) 작용을 한다. 식중독이나 농약 중독에도 효과가 뛰어나며, 간장의 열을 내려 준다. 장복하면 간·신장·대장이 튼튼해지고, 살결이 옥처럼 고와지며, 머리카락이 까맣게 되고, 혈액이 깨끗해지며 장수할 수 있다. 날 것으로 소주에 담가 우려내어 복용하거나 생즙을 내어 발효시켜 이용해도 효과가 좋다. 고혈압이나 중풍 후유증, 두통, 어지럼증에 특히 효과가 좋다.

066

노봉방주

露蜂房酒

중풍, 기관지 천식, 기관지염, 당뇨병, 간 기능 개선에 좋은 약술

[재료]

벌집(땡비집 또는 말벌집) 150g / 소주 1,800㎖

[제조 방법]

① 벌집을 구하여 흙과 먼지만 털어 낸 뒤 그대로 이용한다. 땅속의 땡비집이 가장
　좋고, 다음으로는 나무 위의 황봉(말벌집)이 좋다.
② 용기에 벌집을 그대로 넣고 소주를 부어 밀봉하여 시원한 곳에 저장한다.
③ 3개월 뒤에 개봉하여 벌집을 건져 내고 여과하여 밀봉 저장한다.
④ 6개월 이상 숙성한 뒤에 보관하며 복용한다.

[효능]

기관지 천식, 기관지염, 당뇨병, 간 기능 개선, 유방암(염), 중풍 예방, 신장염에 탁월
한 효과가 있다고 전해 내려온다. 벌집술은 예부터 성병 예방에 은밀히 사용했다고
도 전한다.

약재 노봉방

[복용법]

1일 2회 20~30㎖씩 아침저녁으로 식후에 복용
한다.

노봉방

[**총론**]

• **이명** _ 봉가, 밀방, 봉방
• **한약명** _ 노봉방(路蜂房)

   말벌이나 땡비의 벌집을 약용으로 이용한다.

   예부터 땅속의 숨은 보물이라 하여 산삼보다 귀한 영양 식품으로 여겼다. 중풍, 기관지 천식, 기관지염, 당뇨, 간 기능 개선, 유방암(염), 각종 신장 질환, 뱃속 염증, 종창, 통증에 탁월한 효과가 있다고 전해진다. 『본초강목(本草綱目)』에 의하면 '노봉방은 호봉의 봉소(벌집)로서, 효능은 거풍공독(祛風攻毒 : 풍을 물리치고 독을 없앰), 산종지통(散腫止痛 : 종기를 없애고 통증을 멎게 함)의 요약(要藥)' 이라고 하였다. 외용(外用)으로는 노봉방만을 달인 것을 유옹(乳癰, 젖몸살)이나 옹저(癰疽, 악성 종기), 악창(惡瘡 : 악성 부스럼)에 바른 다음 씻으라 하였으며, 외과적인 방법으로 프로폴리스(propolis)는 치과 치료 및 살균 효과가 있다.

067

잔대술

제니주, 薺泥酒

폐를 윤택하게 하여 마른 기침과 오래된 기침을 제거하고, 산후풍(産後風)에 좋은 약술

[재료]

잔대(생것) 500g / 설탕 100g / 소주 1,800㎖

[제조 방법]

① 잔대 뿌리의 껍질을 벗기지 말고 깨끗이 씻어 하루 정도 그늘에 말린다.

② 손질한 잔대를 용기에 넣고 소주와 설탕을 부어 밀봉하여 시원한 곳에 저장한다.

③ 처음 3~5일간은 1일 1회 정도 용기를 가볍게 흔들어 준다.

④ 6개월 이상 숙성한 뒤에 약재를 그대로 두고 복용한다.

⑤ 밝은 황갈색을 띠며, 향이 좋은 약술이다.

[효능]

잔대는 오래 사는 풀 가운데 하나로, 잔대주를 장복하면 몸이 가벼워지고 여성들의 산후풍(産後風)에 좋은 효과가 있다. 가래를 삭이고 기침을 멎게 하는 데도 효과가 좋다.

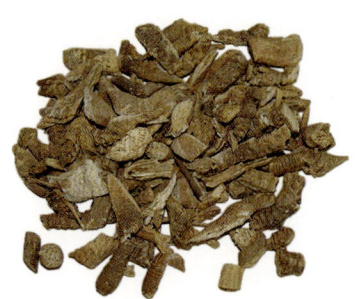

약재 잔대

[복용법]

1일 2회 20~30㎖씩 아침저녁으로 식후에 복용한다. 향이 좋으므로 그냥 마시는 것이 좋다.

잔대

- 이명 _ 제니, 게로기, 모싯대, 사삼
- 한약명 _ 제니(薺泥)

　잔대 뿌리를 약용으로 이용한다.

　잔대는 예부터 인삼 · 현삼 · 단삼 · 고삼과 함께 다섯 가지 삼의 하나로 꼽아 왔으며, 민간 보약으로 널리 썼다. 잔대는 폐를 윤택하게 하여 마른 기침과 오래된 기침을 제거하는 데 좋은 효과가 있고, 갈증을 많이 느끼면서 허약한 체질에 좋다. 고열을 동반한 열병 후유증에도 애용된다. 인삼이 귀한 시절에는 인삼 대용으로 사용했으며, 임산부의 경우 산후에 인삼을 먹으면 젖이 잘 안 나오는 현상이 있는데, 이때 잔대를 대신 이용하기도 한다. 뱀독이나 농약독, 중금속독, 화학 약품으로 인한 독을 풀어 주는 묘한 힘이 있어서 옛 기록에도 '백 가지 독을 푸는 약초는 오직 잔대뿐' 이라 하였다.

068

엄나무술

해동피주, 海桐皮酒

신경통, 관절염, 근육통, 근육 마비, 신허 요통 등에 좋은 약술

[재료]

엄나무 뿌리(말린 것) 150g / 설탕 100g / 소주 1,800㎖

[제조 방법]

① 엄나무는 뿌리를 깨끗이 씻어서 그늘진 곳에 완전히 말려 이용한다.

② 준비한 재료를 용기에 넣고 소주와 설탕을 부어 밀봉하여 시원한 곳에 저장한다.

③ 처음 3~5일간은 1일 1회 정도 용기를 가볍게 흔들어 준다.

④ 3개월 뒤에 개봉하여 약재를 건져 내고, 건져 낸 약재의 1/5 정도를 다시 용기에 넣어 밀봉하여 시원한 곳에 저장한다.

④ 6개월 뒤에 완전 개봉하여 여과지에 걸러서 보관하며 복용한다.

[효능]

당뇨병, 신경통, 이뇨, 혈액 순환 장애, 요통 등에 효과가 있고 간장을 보호하며, 관절염에도 효과가 있다.

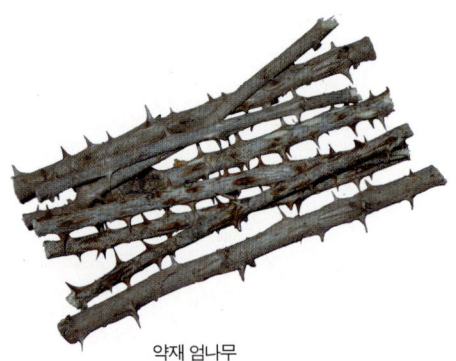

약재 엄나무

[복용법]

1일 2회 20~30㎖씩 아침저녁으로 식후에 복용한다.

엄나무

[총론]

• 이명 _ 해동피, 음나무
• 한약명 _ 해동피(海桐皮)

　엄나무의 줄기 껍질을 약용으로 이용한다.

　해동목(海桐木) 또는 자추목(刺秋木)이라고도 하며, 험상궂은 가시가 줄기에 빈틈없이 나 있다. 옛사람들은 이 가시가 귀신을 막아 준다 하여 대문이나 방문 위쪽 등에 꽂는 풍습이 있었다. 엄나무의 약효는 다양한데, 관절염이나 종기, 암, 피부병 등의 염증(炎症) 질환과 신경통, 만성 간염 같은 간장 질환에 효과가 있다. 늑막염이나 풍습(風濕)으로 인한 부종 등에도 효과가 있으며, 진통(鎭痛) 작용도 있다. 엄나무의 어린 새순은 흔히 나물로 먹는데, 봄철에 연한 새순을 따서 살짝 데쳐 양념해 먹으면 독특한 맛과 향이 난다. 엄나무 순을 개두릅나물 이라고도 부른다. 뿌리를 술에 이용하고, 축출주 외에 발효주로도 이용된다.

물푸레나무술

진피주, 秦皮酒

청간명목(淸肝明目), 식욕 증진, 정장(整腸), 건위(健胃) 등에 좋은 약술

[재료]

물푸레나무 줄기껍질 500g / 설탕 100g / 소주 1,800㎖

[제조 방법]

① 물푸레나무의 줄기껍질을 벗겨 외피의 코르크층을 약간 벗겨 내고 그늘진 곳에
　 하루 정도 말려 반건조하여 이용한다.

② 준비한 재료를 용기에 넣고 소주와 설탕을 부어 밀봉하여 시원한 곳에 저장한다.

③ 처음 3~5일간은 1일 1회 정도 용기를 가볍게 흔들어 준다.

④ 3개월 뒤에 개봉하여 여과지에 걸러서 다시 밀봉하여 저장한다.

⑤ 6개월 이상 숙성시킨 뒤에 보관하며 복용한다.

⑥ 담황색을 띠며, 약간 풋내가 나는 약술이다.

[효능]

간열을 해독해 주고 눈을 밝게 하며, 설사를 멈추게 하고 식욕 증진, 정장, 건위에 좋
으며, 특히 위통에 효과가 있다.

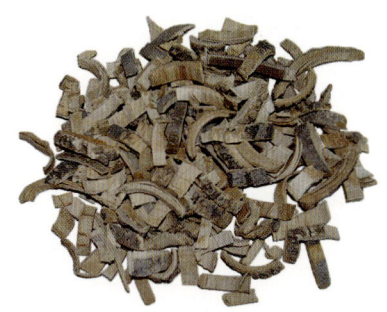

약재 물푸레나무

[복용법]

1일 2회 20~30㎖씩 아침저녁으로 식후에 복용
한다. 쓴맛을 싫어하는 사람은 꿀을 넣어 마시
면 좋다.

물푸레나무

[총론]

- 이명 _ 수청목, 오리목, 진백목
- 한약명 _ 진피(秦皮)

　물푸레나무과의 줄기 껍질을 약용으로 이용한다.

　물푸레나무과로, 우리나라 어디에서나 잘 자라며 물을 푸르게 하는 나무라는 뜻에서 물푸레나무라는 이름이 붙여졌다. 나무 껍질을 벗겨 물에 담그면 물이 파랗게 된다. 강원도에서는 수청목(水靑木)이라 부르고, 한방에서는 진백목(秦白木)이라 칭한다. 열을 내리고 갈증을 풀어 주며, 눈이 충혈되고 아픈 데 효과가 있다. 통풍 치료에 이용되고 소변을 잘 나오게 하며, 진통(鎭痛)·항균(抗菌) 효과가 있다. 꽃을 약술로 이용하면 위통(胃痛)과 식욕 부진을 해소하는 데 효과적이다.

느릅나무주

유근피주, 榆根皮酒

당 뇨 병 , 심 장 병 , 비 염 등 에 효 과 가 좋 은 약 술

[재료]

느릅나무 뿌리껍질 150g / 설탕 100g / 소주 1,800㎖

[제조 방법]

① 느릅나무 뿌리껍질을 깨끗이 씻어 완전히 말린 다음 잘게 썰어 용기에 넣고 소주
　와 설탕을 부어 밀봉하여 시원한 곳에 저장한다.

② 처음 3~5일간은 1일 1회 정도 용기를 가볍게 흔들어 준다.

③ 3개월 뒤에 개봉하여 약재를 건져 내고, 건져 낸 약재의 1/5 정도를 다시 용기에
　넣어 밀봉하여 시원한 곳에 저장한다.

④ 6개월 뒤에 완전 개봉하여 여과지에 걸러서 보관하며 복용한다.

※ 열매로도 술을 담글 수 있다.

[효능]

당뇨병, 심장병 등에 좋으며, 소변을 잘 나오게 하고 비염에도 효과가 있다.

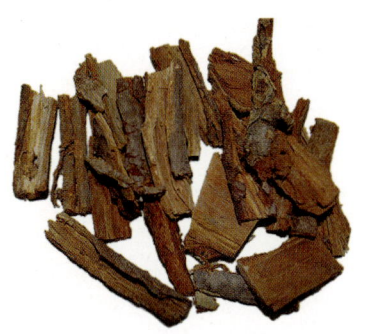

약재 느릅나무

[복용법]

1일 2회 20~30㎖씩 아침저녁으로 식후에 복
용한다.

느릅나무

[총론]

- 이명 _ 유피, 유근피, 당느릅나무, 낭유피(廊楡皮)
- 한약명 _ 유근피(楡根皮)

   느릅나무 껍질을 유피라 하고, 나무뿌리의 껍질을 유근피라 하며, 열매를 무이라 한다. 예부터 이뇨제나 종기 치료제로 써 왔다. 흉년에는 껍질은 벗겨 먹고 잎은 쪄 먹었으며, 열매로는 술이나 장을 담그기도 했다. 특히 느릅나무 껍질은 고름을 빨아내고 새살을 돋게 하는 작용이 매우 강해 종기(腫氣)나 종창(腫脹 : 염증이나 종양 때문에 몸의 한 부분이 붓는 증상)에 신기한 효과가 있다. 뿌리껍질은 위궤양이나 십이지장궤양 등에 좋은 효과가 있고, 부종이나 수종을 낫게 하는 효과도 크다. 위암이나 직장암 치료제로도 쓰이며, 오래 먹어도 부작용이 없다. 최근에는 축농증 치료제로 많이 이용된다.

071

겨우살이술

기동주, 奇童酒

항 암 효 과 가 있 고 , 월 경 과 다 등 부 인 병 에 좋 은 약 술

[재료]

겨우살이(생것) 500g / 설탕 100g / 소주 1,800㎖

[제조 방법]

① 겨우살이 잎과 줄기를 물에 씻어 하루 정도 그늘진 곳에 말린다.

② 약재를 용기에 넣고 소주와 설탕을 부어 밀봉하여 시원한 곳에 저장한다.

③ 처음 3~5일간은 1일 1회 정도 용기를 가볍게 흔들어 준다.

④ 3개월 뒤에 개봉하여 약재를 건져 내고, 건져 낸 약재의 1/5 정도를 다시 용기에
　넣어 밀봉하여 시원한 곳에 저장한다.

⑤ 6개월 뒤에 완전 개봉하여 여과지에 걸러서 보관하며 복용한다.

[효능]

월경 과다 등 부인병에 특히 효과적이고, 치통이나 요통, 신경통, 관절염, 감기, 고혈
압, 협심증, 당뇨병 등에 효과가 있으며, 항암 작용이 높은 약술 가운데 하나다.

약재 겨우살이

[복용법]

1일 2회 20~30㎖씩 아침저녁으로 식후에 복
용한다.

겨우살이

[총론]

- 이명 _ 기생목, 동청, 곡기생, 율기생
- 한약명 _ 상기생(桑寄生)

　겨우살이는 뽕나무나 참나무 등에서 자라는 기생 식물이다. 겨울에서 봄 사이 겨우살이 잎을 채취하여 햇볕에 말린 것을 상기생이라 하며, 약용으로 이용한다. 선조들은 겨우살이를 초자연적인 힘이 있는 식물로 믿었다. 몸을 따뜻하게 하는 효능이 있으며, 항암 효과가 매우 좋아 현재 유럽에서 가장 널리 쓰이는 천연 암 치료제가 바로 겨우살이 추출물이라고 한다. 독이 없고 모든 체질에 잘 맞으며, 신진대사 기능을 좋게 하고 통증을 멎게 하는 작용이 있어 어떤 암 환자도 안심하고 복용할 수 있다. 그 밖에도 혈압과 피 속의 콜레스테롤 수치를 낮춰 주며, 이뇨 등의 효과가 있어 고혈압이나 신장병, 간염을 비롯한 간 질환 예방과 치료에도 좋다.

072

제비꽃술

자화지정주, 紫花地丁酒

부 인 병   질 환 ,   변 비 ,   불 면 증 ,   소 변   불 리 에   좋 은   약 술

[재료]

제비꽃(전초) 500g / 설탕(기호에 따라) / 소주 1,800㎖

[제조 방법]

① 봄에 제비꽃이 피었을 때 뿌리부터 전초를 채취하여 물에 살짝 헹구어 하루 정도
   그늘에 말려 물기를 완전히 제거한다.
② 재료를 용기에 넣고 설탕과 소주를 부어 밀봉하여 시원한 곳에 저장한다.
③ 처음 3~5일간은 1일 1회 정도 용기를 가볍게 흔들어 준다.
④ 3개월 뒤에 여과지에 완전히 걸러서 다른 병에 담아 숙성시킨다.
⑤ 6개월 이상 숙성하여 복용한다.
⑥ 담황색을 띠며, 색깔이 예쁜 약술이다.

[효능]

부인병 질환, 변비, 건위, 진정, 불면증, 소변 불리(小便不利 : 소변이 자주 마렵고 소변
을 보아도 시원치 않으며 잔뇨감이 남아 있는 증상)에 효과가 있다.

약재 제비꽃

[복용법]

1일 2회 20~30㎖씩 식후나 취침 1시간 전에
복용한다. 기호에 따라 단맛이 나는 설탕이나
꿀을 첨가해도 좋지만 그대로 제맛을 느껴 보
는 것도 좋다.

제비꽃

[총론]

- 이명 _ 오랑캐꽃, 병아리꽃, 근채
- 한약명 _ 자화지정(紫花地丁)

　뿌리를 포함한 전초를 약용으로 이용한다.

　제비꽃은 열을 내리고 독을 풀어 주며 갖가지 균을 죽이고 염증을 없애는 작용이 있어 가래를 없애고 소변을 잘 나오게 하며, 불면증과 변비를 해소하는 데 효과가 있다. 봄철 나물로 먹을 때는 밀가루 옷을 입혀 튀기거나 살짝 데쳐서 무쳐 먹으면 된다. 다른 채소와 함께 샐러드로 먹기도 하며, 꽃잎을 모아 살짝 데쳐서 잘게 썰어 밥에 섞어 꽃밥을 만들어 먹기도 하는 등 쓰임새가 다양하다. 염색 재료로 이용되기도 하며, 깊고 그윽한 향이 있어 유럽에서는 향수의 원료로도 쓴다.

073
연자주

蓮子酒

피로를 풀어 주고, 신경을 안정시키는 효과가 좋은 약술

[재료]

연자육(蓮子肉) 200g(말린 것) / 설탕 100g / 소주 1,800㎖

[제조 방법]

① 연밥의 바깥 껍질과 속대를 제거하고 깨끗이 씻어 그늘진 곳에서 완전히 말려 이
　용한다.
② 연자육을 용기에 넣고 소주와 설탕을 부어 밀봉하여 시원한 곳에 저장한다.
③ 처음 3~5일간은 1일 1회 정도 용기를 가볍게 흔들어 준다.
④ 3개월 뒤에 개봉하여 약재를 건져 내고, 건져 낸 약재의 1/5 정도를 다시 용기에
　넣어 밀봉하여 저장한다.
⑤ 6개월 뒤에 완전 개봉하여 여과지에 걸러서 보관하며 복용한다.

[효능]

피로를 풀고 신경을 안정시켜 주며, 스트레스 해소에 효과가 좋다. 여성의 부정기적
자궁 출혈과 대하증에 치료 효과가 있으며, 심장과 기관지를 튼튼하게 하고 양기(陽
氣)를 보강한다.

약재 연자

[복용법]

1일 2회 20~30㎖씩 아침저녁으로 식후에 복용
한다.

연자

[**총론**]

- **이명** _ 연, 연자육, 연실, 석련자
- **한약명** _ 연자육(蓮子肉)

연꽃의 성숙한 열매를 약용으로 이용한다.

연자는 자양 강장제(滋養强壯劑)제로서 수렴(收斂)·진정(鎭靜) 작용이 있다. 주로 위장을 튼튼하게 하고 기운을 돋우며, 심신(心身)을 안정시키고 정력을 돕는 작용이 강하다. 한방에서 연자육은 신허 요통이나 조루, 양기 부족의 치료약으로 중요하게 쓰인다. 또한 오랫동안 병을 앓아 소화가 잘 되지 않고 식욕이 없을 때 찹쌀과 연밥으로 죽을 쑤어 먹으면 빠른 효과를 볼 수 있으며, 어린이의 야뇨증에도 효과가 좋다. 산모들의 산후 회복이나 젖이 잘 나오지 않을 때도 효과가 있다.

여정실주

女貞實酒, 광나무열매술

신장과 간장 기능을 좋게 하고, 근골을 튼튼하게 해 주는 약술

[재료]

여정실(女貞實) 500g(생것) / 설탕 100g / 소주 1,800㎖

[제조 방법]

① 잘 익은 광나무 열매를 흐르는 물에 살짝 씻어서 그늘진 곳에 2~3일 정도 반건조
　　한다.

② 손질한 재료를 용기에 넣고 소주와 설탕을 부어 밀봉하여 시원한 곳에 저장한다.

③ 처음 3~5일간은 1일 1회 정도 용기를 가볍게 흔들어 준다.

④ 3개월 뒤에 개봉하여 약재를 건져 내고 여과지에 걸러서 다시 숙성시킨다.

⑤ 6개월 이상 숙성시켜 보관하며 복용한다.

[효능]

신장과 간장 기능을 좋게 하고 근골(筋骨)을 튼튼하게 하며, 노화 방지와 치매 예방
에 좋다. 얼굴을 윤택하게 하고 정력을 도우며, 신허 이명증(腎虛耳鳴症)에도 효과가
있다.

약재 여정실

[복용법]

1일 2회 20~30㎖씩 아침저녁으로 식후에 복용
한다.

여정실

[**총론**]

- 이명 _ 여정목, 여정, 동청목
- 한약명 _ 여정실(女貞實)

광나무의 익은 열매를 약용으로 이용한다.

광나무 열매는 예부터 자음 생정약(滋陰生情藥)으로 유명하다. 간과 신장 기능을 좋게 해 주므로 소변을 잘 나오게 하고 허리와 무릎이 아픈 것을 낫게 하며, 음허(陰虛)로 생기는 일체의 병증을 치료한다. 또한 눈을 밝게 하고 심장을 튼튼하게 하며, 귀울음이나 심계항진(心悸亢進 : 가슴이 두근거리는 현상), 현기증, 신경 쇠약, 근골통, 허리와 무릎에 힘이 없고 시큰거리는 증상 등을 치료한다. 여정실주를 오랫동안 복용하면 노화 방지와 치매 예방에 효과가 있고, 여성이 먹으면 피부가 고와지며, 대하증이나 냉증 등에도 효과가 있다.

백자인주

栢子仁酒

불면증, 변비, 도한증(盜汗症), 골절통(骨節痛)에 좋은 약술

[재료]

백자인(栢子仁) 150g / 설탕 100g / 소주 1,800㎖

[제조 방법]

① 가을에 익은 측백 열매를 따서 햇볕에 말려 겉껍질은 벗겨 내고 속씨만 이용한다.

② 백자인을 깨끗이 씻어서 물기를 완전히 제거한 뒤 약한 불에 살짝 볶는다.

③ 준비한 약재를 용기에 넣고 소주와 설탕을 부어 밀봉하여 시원한 곳에 저장한다.

④ 처음 3~5일간은 1일 1회 정도 용기를 가볍게 흔들어 준다.

⑤ 3개월 뒤에 약재를 건져 내고, 건져 낸 약재의 1/5 정도를 다시 용기에 넣어 밀봉
   하여 시원한 곳에 저장한다.

⑥ 6개월 뒤에 완전 개봉하여 여과지에 걸러서 보관하며 복용한다.

⑦ 연한 황적색을 띠며, 약간 고소한 냄새가 나는 약술이다.

[효능]

심장을 튼튼하게 하고 머리를 맑게 하며, 불면증과 변비에 좋고 도한증(盜汗症)과 골
절통(骨節痛)에도 효과가 있다.

약재 백자인

[복용법]

1일 2회 20~30㎖씩 아침저녁으로 식후에 복용
한다.

※ 주의 : 설사를 하거나 장(腸) 기능이 약한 사람은
   복용을 금한다.

백자인

[총론]

• 이명 _ 백자인, 측백씨
• 한약명 _ 백자인(栢子仁)

측백 열매의 속씨를 약용으로 이용한다.

백자인은 맛이 달고 성질은 평(平)하다. 자양 강장제(滋養强壯劑)로 이름이 높다. 가을에 잘 익은 열매를 따서 햇볕에 말렸다가 단단한 겉껍질을 벗겨 내고 속씨만 약용으로 이용한다. 심장을 튼튼하게 하고 정신을 안정시키며, 신장과 방광 기능을 좋게 하고 대변을 잘 보게 한다. 몸이 허약하여 식은땀을 자주 흘리거나 변비, 뼈마디가 아픈 데 효과가 있다.

측백나무 씨앗으로 만든 백자인주는 오래된 과실주의 하나로, 고려 명종 때에 만들어 마셨다는 기록이 있다.

으아리술

위령선주, 威靈仙酒

신 경 통 , 류 머 티 즘 성 관 절 염 , 요 통 등 에 좋 은   약 술

[재료]

위령선(威靈仙) 150g / 설탕 100g / 소주 1,800㎖

[제조 방법]

① 위령선은 물에 깨끗이 씻어 그늘진 곳에서 완전히 말려 이용한다.

② 위령선을 용기에 넣고 소주와 설탕을 부어 밀봉하여 시원한 곳에 저장한다.

③ 처음 3～5일간은 1일 1회 정도 용기를 가볍게 흔들어 준다.

④ 3개월 뒤에 개봉하여 약재를 건져 내고, 건져 낸 약재의 1/5 정도를 다시 용기에
   넣어 밀봉하여 시원한 곳에 저장한다.

⑤ 6개월 뒤에 완전 개봉하여 여과지에 걸러서 보관하며 복용한다.

[효능]

신경통, 류머티즘성 관절염, 통풍, 황달(黃疸)에 효과가 있고, 수족 마비를 수반한 관
절통이나 무릎이 쑤신 데, 뱃속이 차고 아픈 데도 효과적이다.

[복용법]

1일 2회 20～30㎖씩 아침저녁으로 식후에 복용
한다.

약재 으아리

으아리

[총론]

- 이명 _ 으아리, 선인초(仙人草)
- 한약명 _ 위령선(威靈仙)

으아리 뿌리를 약용으로 이용한다.

경락(經絡)을 잘 통하게 하고, 근육 마비나 관절 마비, 근육 위축, 언어 장애, 손발 마비, 안면 신경 마비, 관절의 운동 장애 등에 효과가 있다. 진통(鎭痛) 효과도 있어서 신경통이나 류머티즘성 관절염, 근육통, 요통, 편두통, 수족 마비를 수반한 관절통, 무릎이 쑤신 데, 뱃속이 차고 아픈 데, 여자의 뱃속에 덩어리가 생기는 병, 월경 불순 등에 이용된다. 혈압을 내려 주는 작용이 있고, 식도의 연동 운동 등을 강화하여 인후부와 식도의 경련을 완화해 줌으로써 식도에 걸린 뼈나 가시를 배출한다.

천문동주

天門冬酒

폐 강화, 정력 증강, 해수 천식, 장수에 좋은 약술

[재료]

천문동(天門冬) 500g(생것) / 설탕 100g / 소주 1,800㎖

[제조 방법]

① 천문동을 깨끗이 씻어 그늘진 곳에서 1~2일 정도 말려 물기를 완전히 제거한다.

② 손질한 천문동을 준비한 용기에 넣고 소주와 설탕을 부어 밀봉하여 시원한 곳에 저장한다.

③ 처음 3~5일간은 1일 1회 정도 용기를 가볍게 흔들어 준다.

④ 3개월 뒤에 개봉하여 약재를 건져 내고, 건져 낸 약재의 1/5 정도를 다시 용기에 넣고 밀봉하여 시원한 곳에 저장한다.

⑤ 6개월 뒤에 완전 개봉하여 여과지에 걸러서 보관하며 복용한다.

[효능]

정력 증강, 해수 천식, 장수에 좋은 약술이다. 폐를 튼튼하게 하고 피부를 곱게 하며, 대소변을 잘 통하게 한다.

약재 천문동

[복용법]

1일 2회 20~30㎖씩 아침저녁으로 식후에 복용한다.

천문동

[총론]

- 이명 _ 지문동, 천동, 명천동, 천동초, 부지깽나물
- 한약명 _ 천문동(天門冬)

천동초의 덩이뿌리를 약용으로 이용한다.

자양 강장제(慈養强壯劑)로, 오래 먹으면 늙지 않고 신선(神仙)이 된다고 알려져 있는 약재다. 신기(腎氣)를 통하게 하고 마음을 안정시키며, 대소변이 잘 나오게 한다. 성질은 차가우나 몸을 보(補)하며, 3충(三蟲 : 회충·요충·촌충)을 죽이고 얼굴빛을 좋게 하며, 소갈(消渴)을 멎게 하여 오장의 기능을 부드럽게 하고, 폐를 튼튼하게 하며 피부를 곱게 한다.

방사선 치료에 대한 보호 작용을 하고, 항암 효과도 있다. 봄철에 나오는 새순을 부지깽나물이라 하며, 나물로 무쳐 먹기도 한다.

용담초주

龍膽草酒

혈압을 낮춰 주고, 류머티즘성 관절염과 사지 마비증에 좋은 약술

[재료]

용담(龍膽) 150g / 설탕 200g / 소주 1,800㎖

[제조 방법]

① 용담 뿌리를 깨끗이 씻어 그늘진 곳에서 완전히 말린다.

② 손질한 용담을 용기에 넣고 소주와 설탕을 부어 밀봉하여 시원한 곳에 저장한다.

③ 처음 3~5일간은 1일 1회 정도 용기를 가볍게 흔들어 준다.

④ 3개월 뒤에 개봉하여 약재를 건져 내고, 건져 낸 약재의 1/5 정도를 다시 용기에 넣어 밀봉하여 시원한 곳에 저장한다.

⑤ 6개월 뒤에 완전 개봉하여 여과지에 걸러서 보관하며 복용한다.

⑥ 연한 황갈색을 띠며, 매우 쓴맛이 나는 약술이다.

[효능]

혈압을 낮추고 간의 열을 내려 주며, 항암(抗癌)·진통(鎭痛) 작용을 하며, 류머티즘성 관절염에 효과가 있다.

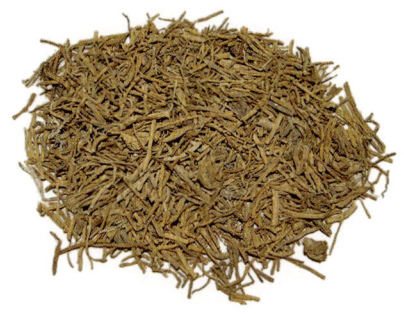

약재 용담초

[복용법]

1일 2회 20~30㎖씩 아침저녁으로 식후에 복용한다. 맛이 매우 쓰므로 꿀을 첨가하거나 다른 약술과 섞어 마셔도 좋다.

용담초

[총론]

- 이명 _ 능유, 용담초, 관음풀, 과남풀
- 한약명 _ 초용담(草龍膽)

초용담 뿌리를 약용으로 이용한다.

용담은 맛이 매우 쓰고 성질이 차다. 열을 내리고 염증을 삭이는 작용이 있는데, 특히 간에 열이 성할 때 열을 내려 주는 작용이 탁월하다. 혈압을 낮추거나 갖가지 염증과 암, 류머티즘성 관절염, 팔다리 마비 등에도 이용한다. 뿌리를 달인 물은 상당한 항암 효과와 진통 작용이 있다. 간과 쓸개의 열을 제거하는 작용이 있다고 하여 눈이 충혈되거나 귀가 들리지 않을 때, 경련이 일어나는 증상에 이용되며, 황달 치료에도 이용한다.

창포주

菖蒲酒

정신을 맑게 하고 기억력을 좋게 하며, 불면증과 신경성 두통에 좋은 약술

[재료]

창포(菖蒲) 잎 200g / 뿌리 300g / 설탕 100g / 소주 1,800㎖

[제조 방법]

① 창포 뿌리와 잎을 깨끗이 씻어 3cm 정도로 잘라 잘 닦아서 통풍이 잘되는 곳에 하루 정도 말린다.
② 창포를 용기에 넣고 소주와 설탕을 부어 밀봉하여 시원한 곳에 저장한다.
③ 처음 3~5일간은 1일 1회 정도 용기를 가볍게 흔들어 준다.
④ 3개월 뒤에 약재를 건져 내고, 건져 낸 약재의 1/5 정도를 다시 용기에 넣어 밀봉하여 시원한 곳에 저장한다.
⑤ 6개월 이상 숙성하여 여과지에 걸러서 보관하며 복용한다.

[효능]

오랫동안 마시면 몸이 가벼워지고 건망증이나 신경 불안 등의 증상이 개선되며, 정신이 좋아지고 지혜로워지며, 기억력이 높아져 장수하는 데 도움이 된다.

약재 창포

[복용법]

1일 2회 20~30㎖씩 아침저녁으로 식후에 복용한다. 창포 특유의 맛과 향이 있어 그대로 마실 수도 있으나 다른 과실주와 혼합해서 마시기도 한다.

창포

[총론]

• 이명 _ 창포, 수창포, 백창포, 니참
• 한약명 _ 석창포(石菖蒲)

　창포의 뿌리줄기를 약용으로 이용한다.

　창포는 향이 독특하여 예부터 목욕물에 넣고 끓여 목욕을 하거나 머리를 감는 풍습이 있었다. 기침으로 인한 기관지염에 효과가 있고, 장과 위장을 따뜻하게 하여 소화를 돕고 소변이 잘 나오게 하는 데 이용한다. 공부하는 학생이나 정신 노동을 하는 사람들에게 가장 좋은 약초가 석창포다. 정신을 맑게 하고 기억력을 높이는 데 아주 좋기 때문이다. 또한 두뇌 계통의 질환에 선약(仙藥)이므로 현기증이나 어지럼증, 건망증이 있는 사람은 석창포 뿌리를 달여 먹거나 말려서 가루를 내어 먹으면 효과가 좋다.

마가목술

정공등주, 丁公藤酒

피로 회복, 강정 강장, 기관지염, 해수, 신장염, 방광염, 소변 불리 등에 좋은 약술

[재료]

마가목 열매 500g / 잎과 줄기 100g / 설탕 100g / 소주 1,800㎖

[제조 방법]

① 마가목 열매, 연한 잎, 줄기를 함께 넣어 깨끗이 씻어서 하루 정도 그늘에 말린다.

② 재료를 용기에 넣고 소주와 설탕을 부어 밀봉하여 시원한 곳에 저장한다.

③ 처음 3~5일간은 1일 1회 정도 용기를 가볍게 흔들어 준다.

④ 3개월 뒤에 개봉하여 여과지에 걸러서 시원한 곳에 숙성시킨다.

⑤ 6개월 이상 숙성한 뒤에 보관하며 복용한다.

⑥ 황갈색을 띠며, 떫은맛이 나는 약술이다.

[효능]

피로 회복, 강정 강장, 신장염이나 방광염, 소변 불리 등 생식기 질환에 좋다.

[복용법]

1일 2회 20~30㎖씩 아침저녁으로 식후에 복용한다.

약재 마가목

※ 주의 : 몸이 찬 사람이나 냉한 여성은 복용에 주의해야 한다. 사람에 따라 입맛이 떨어지고 구토가 날 수 있으며, 변비로 고생할 수 있다. 위장 장애나 두통, 어지럼증이 나타날 수 있으므로 현기증이나 빈혈이 있는 사람도 복용을 삼가는 것이 좋다.

마가목

[총론]

- 이명 _ 마아목, 잡화추, 일본화추, 남등
- 한약명 _ 정공등(丁公藤)

　마가목의 줄기 껍질은 약용으로 이용하고, 열매는 약술용으로 이용한다.

　마가목은 장미과의 낙엽, 활엽 교목으로 5~6월에 꽃이 피고, 과실은 10월에
붉게 익는다. 신장염과 방광염 등에 이뇨제로 이용된다.

　마가목술은 기관지의 기능 저하로 오는 해수나 가래, 심한 천식, 몸이 잘 붓
고 부기가 좀처럼 빠지지 않을 때 효과가 있다. 특히 식전에 마시면 식욕이 증
진되고 소화가 잘되며, 상음하면 양기 부족이나 발기불능, 낭습(囊濕)에 효과
가 있다. 무릎이 시리고 아프거나 하체에 힘이 없는 사람도 마가목술을 마시면
효과가 있다.

081

너삼술

고삼주, 苦蔘酒

건위 효과가 있어서 식욕 부진과 소화 불량에 좋은 약술

[재료]

너삼 뿌리 150g / 설탕 150g / 소주 1,800㎖

[제조 방법]

① 너삼 뿌리를 채취하여 깨끗이 씻어 적당한 크기로 잘라서 그늘진 곳에 완전히 말
   려 이용한다.
② 준비한 재료를 용기에 넣고 소주와 설탕을 부어 밀봉하여 시원한 곳에 저장한다.
③ 처음 3~5일간은 1일 1회 정도 용기를 가볍게 흔들어 준다.
④ 3개월 뒤에 약재를 건져 내고, 건져 낸 약재의 1/5 정도를 다시 용기에 넣어 밀봉
   하여 시원한 곳에 저장한다.
⑤ 6개월 이상 숙성하여 여과지에 걸러서 보관하며 복용한다. 오래 숙성할수록 좋다.

[효능]

맛이 매우 쓰고, 인삼의 효능이 있다. 소화 불량과 신경통에 효과가 있고, 건위 효과
가 있어서 입맛이 떨어졌을 때 마시면 좋다.

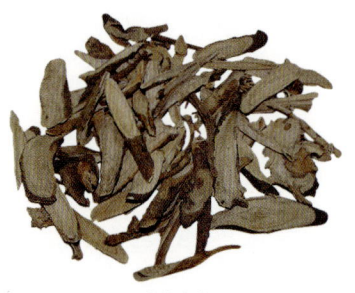

약재 너삼

[복용법]

1일 2회 20~30㎖씩 아침저녁으로 식후에 복용
한다. 맛이 매우 쓰므로 꿀을 첨가하거나 다른
약술 또는 생수로 희석하여 복용해도 좋다.

너삼

• 이명 _ 야괴, 너삼, 쓴너삼, 산괴자, 도둑놈의 지팡이
• 한약명 _ 고삼(苦蔘 = 뿌리), 아담자(= 씨앗)

너삼 뿌리와 씨앗을 약용으로 이용한다.

뿌리가 매우 써서 고삼이라는 이름이 붙었으며, 우리나라 전역의 초지에서 자주 볼 수 있는 다년생 초본이다.

가을에 뿌리를 채취하여 말린 것을 고삼이라 하고, 한방에서는 고미 건위제 (苦味健胃劑)로 많이 쓰며, 이뇨(利尿)·해열(解熱)·진통(鎭痛)·구충(毆蟲) 효과가 있다. 살균(殺菌)·살충(殺蟲) 작용이 강해서 잎 삶은 물을 무좀이나 땀띠 등 피부병이 난 부위에 바르면 효과적이다. 독사에게 물렸을 때도 삶은 물을 환부에 바르고 마시면 효과가 있다. 장염이나 식중독에 걸려 설사를 하면서 몸에 열이 나거나 여성들의 대하, 음부가 가려운 증상에도 효과가 있다.

단삼주

丹蔘酒

부인병과 월경 불순, 월경통, 신경통, 관절통에 좋은 약술

[재료]

단삼(丹蔘) 150g / 설탕 100g / 소주 1,800㎖

[제조 방법]

① 가을에 단삼 뿌리를 채취하여 깨끗이 썻어 물기를 제거하여 완전히 말려서 이용
　한다.
② 단삼을 용기에 넣고 소주와 설탕을 부어 밀봉하여 시원한 곳에 저장한다.
③ 처음 3~5일간은 1일 1회 정도 용기를 가볍게 흔들어 준다.
④ 3개월 뒤에 개봉하여 약재를 건져 내고, 건져 낸 약재의 1/5 정도를 다시 용기에
　넣어 밀봉하여 시원한 곳에 저장한다.
⑤ 6개월 뒤에 완전 개봉하여 여과지에 걸러서 보관하며 복용한다.

[효능]

어혈(瘀血), 타박상, 신경통, 관절통에 좋으며, 특히 부인병과 심한 월경통, 월경 불
순에 효과가 좋다.

약재 단삼

[복용법]

1일 2회 20~30㎖씩 아침저녁으로 식후에 복용한
다. 색깔이 아름다워 다른 약술과 칵테일용으로 좋
으며, 생수와 섞으면 분위기가 난다.

단삼

[총론]

• 이명 _ 적삼, 활혈삼, 자단삼, 목양유, 야소자근, 홍근
• 한약명 _ 단삼(丹蔘)·

단삼은 간을 보호하고 간 세포의 재생을 촉진하는 기능이 있으며, 위궤양을 예방해 준다.

여성들의 심한 월경통이나 무월경증(無月經症)에 효과가 있으며, 심번(心煩 : 가슴이 답답하여 가슴에 고통이 느껴지는 증상)이나 불면증(不眠症), 신경 불안에도 효과적이다. 혈액 순환을 촉진하고 어혈을 풀어 주어 월경통이 심하거나 산후 하복통, 붕루(崩漏 : 자궁 출혈), 대하 등을 치료한다. 또한 경도를 잘 통하게 하여 임신이 잘되게 한다. 나쁜 피를 제거하고 새 피를 생성하는 작용이 뛰어나 타박상이나 관절통에 효과가 있으며, 어혈이나 신경통에도 효과적이다.

083

부처손술

권백주, 拳柏酒

마음을 안정시키고 혈액 순환을 원활하게 하며, 기침에 좋은 약술

[재료]

부처손 150g / 설탕 100g / 소주 1,800㎖

[제조 방법]

① 부처손을 채취하여 깨끗이 씻어서 완전히 말려 이용한다.

② 준비된 재료를 용기에 넣고 소주와 설탕을 부어 밀봉하여 시원한 곳에 저장한다.

③ 처음 3~5일간은 1일 1회 정도 용기를 가볍게 흔들어 준다.

④ 3개월 뒤에 개봉하여 약재를 건져 내고, 건져 낸 약재의 1/5 정도를 다시 용기에
   넣어 밀봉하여 시원한 곳에 저장한다.

⑤ 6개월 뒤에 완전 개봉하여 여과지에 걸러서 보관하며 복용한다.

[효능]

마음을 안정시키고 혈액 순환을 원활하게 하며, 기침을 멈추게 하는 데 좋고 독이 없
으며, 오래 먹으면 장수한다고 한다. 여성들의 자궁 출혈이나 생리 불순, 생리통에
효과적이다. 몸을 따뜻하게 하는 효과가 있어서 여
성의 자궁이 냉하여 불임인 경우에도 효과가 있다.

[복용법]

1일 2회 20~30㎖씩 아침저녁으로 식후에 복용한다.

약재 부처손

부처손

[총론]

• 이명 _ 만년송, 장생불사초, 바위손, 부처손
• 한약명 _ 권백(拳柏)

　부처손과의 여러해살이풀인 부처손의 지상부를 약용으로 이용한다.

　비슷한 것으로 바위손이 있는데, 언뜻 보아서는 구별이 어려울 만큼 닮아 있으며, 둘 다 약으로 이용한다. 지혈(止血)과 활혈통경(活血通經, 혈액이 잘 통하게 함) 작용이 있고, 볶아서 쓰면 토혈(吐血)이나 혈변(血便), 자궁 출혈에 효과가 있다. 생으로 쓰면 혈액 순환을 활성화하여 월경이 없거나 심한 월경통에 효과가 좋고, 타박상으로 인한 어혈과 통증을 풀어 준다. 부처손은 또한 항암 효과가 있어서 암 환자의 체력을 보강해 주는 동시에 암세포를 억제한다. 특히 방사선 요법에 민감한 환자에게 효능이 좋아서 방사선 치료로 인한 부작용을 예방하는 데 효과가 좋다.

084

목련꽃술

신이화주, 辛夷花酒

초 기 감 기 , 만 성 비 염 , 축 농 증 , 코 막 힘 에 좋 은 약 술

[재료]

목련꽃 봉오리 500g / 설탕 100g / 소주 1,800㎖

[제조 방법]

① 피기 직전의 싱싱한 목련 봉오리를 골라 깨끗이 닦아 하루 정도 그늘에 말려 물기
　를 완전히 제거한 뒤에 이용한다.

② 재료를 용기에 넣고 소주와 설탕을 부어 밀봉하여 시원한 곳에 저장한다.

③ 처음 3~5일간은 1일 1회 정도 용기를 가볍게 흔들어 준다.

④ 3개월 정도 지나 산뜻하고 가벼운 향기를 지닌 술이 되면 약재는 건져 내고 여과
　지에 걸러서 다시 숙성시킨다.

⑤ 6개월 이상 지나 복용하면 목련의 상큼한 향을 느낄 수 있다.

[효능]

가벼운 두통, 초기 감기, 코 막힘 등에 효과가 좋다.

약재 목련꽃

[복용법]

1일 2회 20~30㎖씩 아침저녁으로 식후에 복용
한다.

※ 목련꽃차 : 목련 꽃잎 2~3장을 넣고 뜨거운 물을
　부어 우려내어 마시면 코감기 예방과 스트레스 해
　소에 좋다.

목련꽃

[총론]

• 이명 _ 후도(侯桃), 영춘(迎春), 목모화(木芼花), 망춘화(望春花)
• 한약명 _ 신이화(辛夷花)

　신이(辛夷)는 목란과(목련과)에 속한 낙엽관목인 자목련 또는 백목련을 말린
화뢰(꽃봉오리)로, 맛은 맵고 성질은 따뜻하며 폐와 위에 작용한다. 감기에 자
주 걸리고, 감기가 걸렸다 하면 콧물을 잘 흘리고 머리가 아플 때 효과적이다.
특히 만성 비염과 축농증(蓄膿症), 그로 인한 두통에 매우 효과가 있다. 혈압 강
하 작용과 자궁 흥분 작용이 있어서 중년에게 좋으며, 목련주는 향이 맑고 그
윽하여 스트레스 해소에 도움을 준다. 민간에서는 축농증이 심할 때 신이를 말
려 우유로 끓여 그 즙을 적셔 코 속에 넣으면 코가 뚫리고 두통이 없어지며, 콧
물이 줄고 염증 증세가 완화된다.

085

질경이술

여선주, 女仙酒

이뇨제(利尿劑)와 지사제(止瀉劑)로 효과가 좋은 약술

[재료]

질경이 전초 500g / 설탕 100g / 소주 1,800㎖

[제조 방법]

① 씨를 비롯한 전초를 초가을에 씨가 떨어지기 전에 채취하여 물에 깨끗이 씻어 하루 정도 그늘에 말려 물기를 완전히 제거한다.

② 준비해 놓은 질경이를 적당하게 썰어서 용기에 넣고 소주와 설탕을 부어 밀봉하여 시원한 곳에 저장한다.

④ 처음 3~5일간은 1일 1회 정도 용기를 가볍게 흔들어 준다.

⑤ 3개월 뒤에 개봉하여 약재를 완전히 건져 내고 여과지에 걸러서 밀봉하여 다시 시원한 곳에 저장한다.

⑥ 6개월 이상 숙성하여 보관하며 복용한다.

[효능]

여선주(女仙酒)라는 이름처럼 여성의 부종, 변비, 다이어트에 좋은 약술로, 이뇨(利尿)와 지사(止瀉)의 효능이 있어 심한 설사나 방광염으로 인한 소변 불통(小便不通) 등에 좋다.

약재 질경이

[복용법]

1일 2회 20~30㎖씩 아침저녁으로 식후에 복용한다.

질경이

[총론]

- 이명 _ 차전자, 차전초, 야치채, 길짱구, 질경이
- 한약명 _ 차전자(車前子)

　질경이의 씨앗은 약용으로, 전초는 약술로, 어린잎은 나물로 이용한다.

　질경이과의 다년초로, 전국 각지의 들이나 길가에 자생하며, 질경이 전초로 담근 술을 여선주라고 한다. 한방에서는 잎을 차전(車前), 종자를 차전자(車前子)라 하는데, 차전자는 이뇨 효과가 있어서 신우신염이나 방광염, 요로염 등에 이용하며 설사를 멈추게 한다. 간 기능을 활성화하여 어지럼증과 두통을 낮게 하며, 폐열로 인한 해수에도 효과가 있다. 외상이 있을 때는 소독용 치료제로도 사용한다. 차전자로도 술을 담가 오줌소태나 소변 불리, 방광염에 사용한다.

상황버섯주

桑黃酒

식 욕 부 진 , 위 장 장 애 , 복 부 팽 만 감 등 에 좋 은 약 술

[재료]

상황버섯 150g / 설탕 100g / 소주 1,800㎖

[제조 방법]

① 상황버섯은 먼지와 잡티를 완전히 제거하여 얇게 썬다.

② 버섯을 용기에 넣고 소주와 설탕을 부어 밀봉하여 저장한다.

③ 처음 3~5일간은 1일 1회 정도 용기를 가볍게 흔들어 준다.

④ 6개월 뒤에 완전 개봉하여 여과지에 걸러서 보관하며 복용한다.

[효능]

식욕 부진이나 위장 장애, 복부 팽만감에 효과가 있고, 항암 작용을 하며, 월경 불순 및 경행 복통에도 효과가 있다.

[복용법]

1일 2회 20~30㎖씩 아침저녁으로 식후에 복용한다.

약재 상황버섯

※ 상황버섯차 : 상황 20g을 물 1ℓ에 계피를 약간 넣어
천천히 달여 꿀을 조금 타서 마시면 좋은 약차가
된다. 계피를 넣으면 맛이 더욱 좋아지며, 가루로
내어 뜨거운 물에 타 마셔도 된다.

상황버섯

[총론]

• 이명 _ 목질진흙버섯, 상석이
• 한약명 _ 상황버섯(桑黃)

　상황버섯은 소나무버섯과에 속하는 버섯으로, 뽕나무 줄기에 자생한다. 간혹 우리나라에 야생하는 것을 드물게 볼 수 있는데, 강원도 홍천이나 강릉, 정선 등지에서 채취할 수 있다. 대량 재배하고 있으며, 시중에 나오는 것은 대부분 재배 버섯이다. 항암 효과가 있으며, 소화기 계통의 암 수술 후 화학 요법을 병행할 때 면역 기능을 강화해 주고, 자궁 출혈과 월경 불순에 효과가 있다. 주독을 풀어 주며, 여성의 생식기 질환에 효과가 있고, 오장 기능을 활성화해 준다. 건강 보조 식품으로 이용할 때는 연하게 달인 상황버섯 물을 보리차처럼 마시면 된다. 숙취 후 빠른 회복을 돕고, 위장 질환(소화기 질환) 개선에 효과가 있다.

청미래덩굴술

토복령주, 土茯苓酒

관절염에 효과가 있고, 수은이나 농약 중독으로 인한 각종 해독에 좋은 약술

[재료]

청미래덩굴 뿌리 150g / 설탕 100g / 소주 1,800㎖

[제조 방법]

① 청미래덩굴의 뿌리줄기를 채취하여 잔뿌리를 제거하고 깨끗이 씻어 얇게 썰어서
   완전히 말려 이용한다.
② 준비된 약재를 용기에 넣고 소주와 설탕을 부어 밀봉하여 시원한 곳에 저장한다.
③ 처음 3~5일간은 1일 1회 정도 용기를 가볍게 흔들어 준다.
④ 3개월 뒤에 개봉하여 약재를 건져 내고, 건져 낸 약재의 1/5 정도를 다시 용기에
   넣어 밀봉하여 시원한 곳에 저장한다.
⑤ 6개월 이상 숙성하여 여과지에 걸러서 보관하며 복용한다.

[효능]

간 질환과 관절염에 효과가 있다. 수은 중독이나 농약 중독에도 효과적이다.

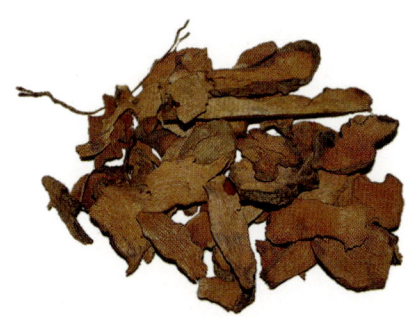

약재 청미래덩굴

[복용법]

1일 2회 20~30㎖씩 아침저녁으로 식후에 복용
한다.
※ 주의 : 오랫동안 복용하면 변비가 생길 수 있으므
   로 변비가 있는 사람은 주의할 것.

청미래덩굴

[총론]

• 이명 _ 토복령(土茯苓), 발계, 선유량(仙遺糧), 산귀래(山歸來)
• 한약명 _ 토복령(土茯苓)

　　청미래덩굴의 뿌리줄기를 채취하여 말린 것이 토복령이다. 한자로는 토복
령(土茯苓) 또는 산귀래(山歸來)라고 쓴다.

　　청미래덩굴은 매독(梅毒)을 치료하고, 임질(淋疾)과 태독(胎毒) 등에 효과가
있다. 중금속과 농약, 수은 등의 중독을 푸는 데 좋은 약으로, 특히 수은 중독
을 푸는 데 효과적이고, 항암 작용도 있어서 중국이나 북한에서는 암 치료에
많이 쓴다. 뼈마디가 아픈 데도 이용한다. 중국산 토복령과 우리나라에 자라는
청미래덩굴은 서로 다른 식물이므로 주의해야 한다.

구절초주

九折草酒

[재료]

구절초(九折草) 꽃(말린 것) 100g / 설탕 100g / 소주 1,800㎖

[제조 방법]

① 가을에 완전히 피기 전의 구절초를 채취한다.

② 구철초 꽃을 끓는 물에 살짝 데쳐서 완전히 말려 이용한다.

③ 준비한 재료를 용기에 넣고 소주와 설탕을 부어 밀봉하여 시원한 곳에 저장한다.

④ 처음 3~5일간은 1일 1회 정도 용기를 가볍게 흔들어 준다.

⑤ 3개월 뒤에 약재를 건져 내고, 건져 낸 약재의 1/5 정도를 다시 용기에 넣어 밀봉
   하여 시원한 곳에 저장한다.

⑥ 6개월 뒤에 완전 개봉하여 여과지에 걸러서 보관하며 복용한다.

⑦ 밝은 황갈색을 띠며, 독특한 향이 좋은 약술이다.

[효능]

감기, 몸살, 신경통, 요통, 신경성 두통, 스트레스 해소에 효과가 있으며, 건위(健胃), 보익(補益), 보중(補中), 부인병, 보온에도 효과가 있다. 향이 좋아 약술에 많이 이용된다.

약재 구절초

[복용법]

1일 2회 20~30㎖씩 아침저녁으로 식후에 복용한다. 다른 약술과 칵테일용으로 적합하다.

구절초

[총론]

- **이명** _ **구일초**(九日草), **선모초**(仙母草), 들국화
- **한약명** _ **구절초**(九折草)

구절초 꽃은 술을 담그는 데 이용하고, 지상부 전초는 약용한다.

단전을 따뜻하게 하고 자궁 허냉(子宮虛冷 : 자궁이 허하고 냉한 증상)을 치료하며, 조경(調經 : 월경을 고르게 해 줌) 작용이 있고 몸을 덥게 하며, 소화 기능을 촉진한다. 그러므로 부인들의 생리 불순이나 생리통, 불임증, 위 냉증(胃冷症), 소화 불량 등에 효과적이다. 꽃과 전초는 폐렴이나 기관지염, 기침 감기, 인후염, 두통, 고혈압에 약용하며, 다소 쓴맛이 있어서 소화 불량이나 위장 질환에도 쓰여 왔다. 구절초주는 신경통에 좋고 스트레스 해소 및 보혈 강장제로 이용되며, 구절초 꽃잎 삶은 물로 머리를 감으면 비듬이 없어지고, 베갯속으로 사용하면 두통을 없애고 머리를 맑게 해 준다.

작두콩술

도두주, 刀豆酒

복부 비만, 신허 요통, 천식, 복통, 두통, 설사에 좋은 약술

[재료]

작두콩(말린 것) 200g / 설탕 100g / 소주 1,800㎖

[제조 방법]

① 크기가 고르고, 잘 여문 흰 작두콩을 준비하여 살짝 볶아서 대충 찧어 으깬다.

② 용기에 재료를 넣고 소주와 설탕을 부어 밀봉하여 시원한 곳에 저장한다.

③ 처음 3~5일간은 1일 1회 정도 용기를 가볍게 흔들어 준다.

④ 6개월 뒤에 완전 개봉하여 여과지에 걸러서 보관하며 복용한다.

[효능]

구토가 나거나 속이 매스꺼울 때, 신허 요통이나 복부 비만, 복통 설사, 천식성 기침,
두통에 효과가 있다.

[복용법]

1일 2회 20~30㎖씩 아침저녁으로 식후에 복용한다.

약재 작두콩

※ 작두콩차 : 작두콩을 살짝 볶아서 달여 차로 만들
어 마시면 구내염과 치주염에 효과가 있다.

작두콩

[총론]

- 이명 _ 도두, 작두콩
- 한약명 _ 도두(刀豆)

작두콩 열매를 주로 약용으로 이용한다.

열매가 작두처럼 생겼다 하여 작두콩 또는 도두(刀豆)라고 한다. 빛깔이 붉은 것, 흰 것, 검은 것 등이 있으나 흰 것이 대체로 약효가 낫다고 한다. 맛은 달고 성질은 따뜻하며, 중초(中焦)를 따뜻하게 하고 기를 내려 주며, 신기(腎氣)를 보한다. 허한성(虛寒性) 딸꾹질이나 구토, 헛배, 신허 요통, 가래, 기침 등에 효과가 있다. 작두콩 깍지는 딸꾹질이나 구토, 이질 증상 등에 쓰이며, 뿌리는 두통이나 요통, 이질, 타박상 등에 쓰인다. 염증을 없애는 효과가 뛰어나고, 몸의 면역력을 키워 주기 때문에 각종 종기나 화농성 질병에도 효과가 탁월하다.

호박씨술

노인성 전립선 비대증과 소변 불리, 치매 예방, 건망증에 좋은 약술

[재료]

호박씨(깐 것) 200g / 설탕 100g / 소주 1,800㎖

[제조 방법]

① 크고 통통한 호박씨를 골라 살짝 볶아서 껍질을 까서 이용한다.

② 준비한 재료를 용기에 넣고 소주와 설탕을 부어 밀봉하여 시원한 곳에 저장한다.

③ 처음 3~5일간은 1일 1회 정도 용기를 가볍게 흔들어 준다.

④ 6개월 뒤에 개봉하여 호박씨와 함께 복용한다.

[효능]

노인성 전립선 비대증과 소변 불리에 효과가 있고, 뇌 세포 기능을 활발하게 하여 노인성 치매 예방과 건망증에도 좋다.

[복용법]

1일 2회 20~30㎖씩 아침저녁으로 식후에 복용한다.

약재 호박씨

※ 호박잎 : 연한 것은 살짝 쪄서 쌈으로 싸 먹고, 독충에 물리거나 벌에 쏘였을 때는 호박잎을 비벼서 붙이면 효과가 있다.

호박

[총론]

• 이명 _ 남과인, 번과, 동과, 조선호박
• 한약명 _ 남과(南瓜)

과육은 식용으로 이용하고, 씨앗은 식용·약용으로 이용한다.

호박은 맛이 달고 성질은 따뜻하며, 보중·자양·강장 효과가 있다. 아이를 낳고 난 뒤 산모의 얼굴을 비롯해 전신이 붓고 활동이 불편할 경우에 호박을 삶아서 마시면 소변을 잘 보고 부종이 가라앉으며, 산후 회복에 좋다.

호박씨에는 비타민E가 풍부해 혈액을 깨끗하게 하고 머리를 좋게 한다. 특히 남성의 전립선 비대증이나 여성의 빈뇨(頻尿) 증상에 좋다. 또한 호박씨에는 칼슘이 풍부해서 골다공증에 효과적이며, 이뇨제로도 쓰이고 신장병 및 중풍 예방 효과도 있다. 감기 예방 효과도 있으며, 구취를 제거해 준다. 말려서 볶아 먹으면 구충을 예방할 수 있다.

091

구지뽕술

부 인 병 에 탁 월 하 며, 골 다 공 증 에 좋 은 약 술

[재료]

구지뽕 잎과 잔가지 500g / 설탕 100g / 소주 1,800㎖

[제조 방법]

① 5~6월경 구지뽕 잎과 연한 가지를 채취한다.

② 물에 깨끗이 씻어 3~5㎝ 정도로 잘라 하루 정도 그늘에 말린다.

③ 준비한 재료를 용기에 넣고 소주와 설탕을 부어 밀봉하여 시원한 곳에 저장한다.

④ 처음 3~5일간은 1일 1회 정도 용기를 가볍게 흔들어 준다.

⑤ 3개월 뒤에 개봉하여 약재를 건져 내고, 건져 낸 약재의 1/5 정도를 다시 용기에 넣어 밀봉하여 시원한 곳에 저장한다.

⑥ 6개월 뒤에 완전 개봉하여 여과지에 걸러서 보관하며 복용한다.

[효능]

부인병과 골다공증에 효과가 있다. 근골을 튼튼하게 하고 월경을 잘 통하게 하며, 혈액을 맑게 한다. 풍허(風虛)로 인해 귀가 잘 들리지 않거나 과로로 인한 허약증, 몸이 마르는 증상, 허리와 아랫배가 차가운 증상, 신허 요통, 몽정(夢精) 등에 효과가 있다.

약재 구지뽕

[복용법]

1일 2회 20~30㎖씩 아침저녁으로 식후에 복용한다.

구지뽕

[총론]

- 이명 _ 구지뽕나무, 숫가시나무, 꾸지나무, 활뽕나무, 꾸지뽕
- 한약명 _ 자목(刺木)

　구지뽕나무 가지와 잎, 뿌리 껍질, 열매 등을 약용으로 이용한다.

　구지뽕나무는 예부터 잎과 줄기와 뿌리를 차로 끓여 각기(脚氣)나 폐렴, 폐결핵, 감기, 고혈압 등을 치료하는 데 좋은 약재로 써 왔다. 부인병에 탁월한 효과가 있으며, 자궁암에도 좋다. 열매로도 약술을 담그며, 효능은 비슷하나 열매에는 강정 효과가 있다. 구지뽕나무로 술을 만들어 마시면 풍허(風虛)로 인해 귀가 잘 들리지 않거나 과로로 인한 허약증, 몸이 마르는 증상, 허리와 아랫배가 차가운 증상, 신허 요통, 몽정 등에 효과가 있다. 또한 열을 내리고, 혈액 순환을 원활하게 하며 경락(經絡)을 잘 통하게 한다.

092

패랭이꽃술

구맥주, 瞿麥酒

고혈압과 동맥경화에 효과가 있고, 소변을 잘 나오게 하는 약술

[재료]

구맥(瞿麥) 150g / 설탕 100g / 소주 1,800㎖

[제조 방법]

① 열매가 익기 전 꽃과 열매가 달린 지상부 전초를 이용한다.

② 준비된 약재를 용기에 넣고 소주와 설탕을 부어 밀봉하여 시원한 곳에 저장한다.

③ 처음 3~5일간은 1일 1회 정도 용기를 가볍게 흔들어 준다.

④ 3개월 뒤에 개봉하여 약재를 건져 내고, 건져 낸 약재의 1/5 정도를 다시 용기에
　넣어 밀봉하여 시원한 곳에 저장한다.

⑤ 6개월 뒤에 완전 개봉하여 여과지에 걸러서 보관하며 복용한다.

[효능]

고혈압과 동맥경화에 효과가 있고 소변을 잘 나오게 하며, 위염이나 여성의 생리 불
순, 자궁염에 효과가 있다. 또한 여성들의 손발이나 얼굴 부종에도 좋다.

약재 패랭이꽃

[복용법]

1일 2회 20~30㎖씩 아침저녁으로 식후에 복용
한다.

※ 주의 : 비기(脾氣)와 신기(腎氣)가 허(虛)한 사람이
　나 임산부는 복용을 금한다.

패랭이꽃

[총론]

- 이명 _ 석죽화, 패랭이꽃, 석죽
- 한약명 _ 구맥(瞿麥)

　7~8월에 꽃과 열매가 달린 지상부 전초를 채취하여 약용으로 이용한다.

　구맥은 열을 내리고, 주로 비뇨기계의 급ㆍ만성 염증에 대하여 소염(消炎)ㆍ이뇨(利尿) 작용이 뛰어나다. 간경변에 의한 복수(腹水) 및 심장성 부종에 효과가 있고, 활혈통경(活血通經), 즉 혈액 순환을 도와 월경을 순조롭게 하는 작용이 있어 월경 불순이나 생리통에도 이용한다. 구맥주는 여성들의 과민성 피로와 잠을 자고 난 뒤 얼굴과 손발이 잘 붓는 약간의 비만성 체질의 부기를 가라앉혀 주고, 비만 예방에 효과가 있다.

093

골쇄보주

骨碎補酒

신허 요통, 만성 관절염, 자양 강장, 정력 증진에 좋은 약술

[재료]

골쇄보(骨碎補) 150g / 설탕 100g / 소주 1,800㎖

[제조 방법]

① 골쇄보를 깨끗이 씻어서 완전히 말려 이용한다.

② 준비된 약재를 용기에 넣고 소주와 설탕을 부어 밀봉하여 시원한 곳에 저장한다.

③ 처음 3~5일간은 1일 1회 정도 용기를 가볍게 흔들어 준다.

④ 3개월 뒤에 개봉하여 약재를 건져 내고, 건져 낸 약재의 1/5 정도를 다시 용기에 넣고 밀봉 저장한다.

⑤ 6개월 뒤에 완전 개봉하여 여과지에 걸러서 보관하며 복용한다.

[효능]

신허 요통과 만성 관절염, 타박상에 효과가 있으며, 혈(血)을 잘 돌게 하고 어혈(瘀血)을 풀어 준다.

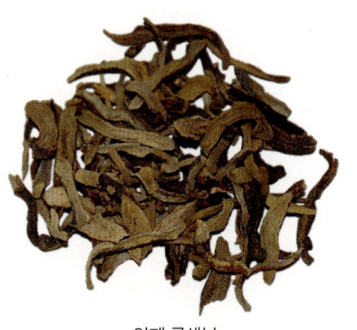

약재 골쇄보

[복용법]

1일 2회 20~30㎖씩 아침저녁으로 식후에 복용한다.

골쇄보

• 이명 _ 넉줄고사리
• 한약명 _ 골쇄보(骨碎補)

넉줄고사리 뿌리를 약용으로 이용한다.

골절상을 치료할 때는 단순히 뼈만 붙이는 것이 아니라 뼈가 부러지면서 생긴 주변 근육과 혈관까지 함께 재생시켜야 한다. 따라서 골절을 치료하는 약물들은 근육을 강화하고 혈액 순환을 원활하게 하는 작용이 있어야 한다. 골쇄보는 속단(산토끼꽃의 뿌리를 말린 것으로, 골절을 잘 치료한다고 하여 붙여진 이름)과 더불어 골절상 치료에 아주 좋은 약재다. 골쇄보는 어혈을 풀어 주고 지혈(止血) 작용을 하며, 부러진 것을 이어지게 하고, 악창(惡瘡)으로 썩어 들어가는 것을 낫게 하는 살균(殺菌)·소염(消炎) 작용이 있다.

함초주
鹹草酒

숙변과 변비를 없애 주고, 고혈압이나 당뇨병 등 생활습관병 예방에 좋은 약술

[재료]

함초(鹹草) 150g(생것 500g) / 설탕 100g / 소주 1,800㎖

[제조 방법]

① 함초를 채취하여 하루 정도 물에 담가 짠맛을 약간 제거한 뒤 완전히 말려서 이용한다.

② 함초를 2~3㎝ 정도로 잘라서 용기에 넣고 소주와 설탕을 부어 밀봉하여 시원한 곳에 저장한다.

③ 처음 3~5일간은 1일 1회 정도 용기를 가볍게 흔들어 준다.

④ 3개월 뒤에 약재를 완전히 건져 내고, 건져 낸 약재의 1/5 정도를 다시 용기에 넣어 밀봉하여 시원한 곳에 저장한다.

⑤ 6개월 이상 숙성하여 여과지에 걸러서 보관하며 복용한다.

[효능]

숙변과 변비, 만성 장염 등을 제거하는 데 효과가 좋다. 비만증을 치료해 주고, 고혈압이나 당뇨, 중이염, 축농증 등에 효과가 있다.

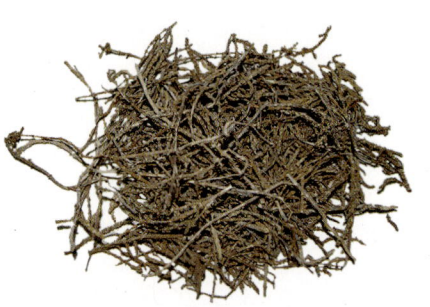

약재 함초

[복용법]

1일 2회 20~30㎖씩 아침저녁으로 식후에 복용한다.

함초

[총론]

• 이명 _ 퉁퉁마디, 산호초
• 한약명 _ 함초(鹹草)

　함초의 전초를 약용으로 이용한다.

　함초는 지구상에서 거의 유일하게 소금기를 흡수하며 자라는 육상 식물이다. 바닷물 속에 녹아 있는 소금을 비롯하여 칼슘(ca)·마그네슘(mg)·칼륨(k)·철(fe)·인(p) 등 여러 가지 미네랄과 바닷물을 정화하는 효소들을 흡수하면서 자란다. 그래서 맛이 매우 짠데, 소금기 가운데 해로운 물질들은 걸러 내고 이로운 물질만을 갖고 있기 때문에 약초로서 좋은 효능을 나타낸다. 특히 숙변과 변비, 만성 장염 등을 제거하는 효과가 크다. 또한 함초는 혈액 순환을 좋게 하고 피를 맑게 하며 혈관을 튼튼하게 하므로 혈압 조절 기능이 있고, 당뇨병에도 효과가 있다.

095
복분자주
覆盆子酒

남성들의 정력 부족, 발기 부전, 기운을 돋우는 데 좋은 약술

[재료]

복분자(覆盆子) 150g / 설탕 100g / 소주 1,800㎖ (복분자로 담글 경우)

[제조 방법]

① 복분자는 초여름에 완전히 익기 전에 채취하여 막걸리에 버무려 살짝 쪄서 그늘
   진 곳에 완전히 말려서 이용한다.
② 준비된 재료를 용기에 넣고 소주와 설탕을 부어 밀봉하여 시원한 곳에 저장한다.
③ 처음 3~5일간은 1일 1회 정도 용기를 가볍게 흔들어 준다.
④ 3개월 뒤에 개봉하여 약재를 건져 내고, 건져 낸 약재의 1/5 정도를 다시 용기에
   넣어 밀봉하여 시원한 곳에 저장한다.
⑤ 6개월 뒤에 완전 개봉하여 여과지에 걸러서 보관하며 복용한다.

[효능]

남성의 신기 부족, 정액 부족, 발기 부전에 특히 효과적이고, 기운을 돕고 몸을 가볍
게 하며, 백발(白髮)을 예방한다. 허로(虛勞 : 만
성 피로) 손상을 보(補)하며, 간을 보하여 눈을
밝게 한다.

약재 복분자

[복용법]

1일 2회 20~30㎖씩 아침저녁으로 식후에 복용
한다.

복분자

[총론]

- 이명 _ 산딸기, 나무딸기, 복분자
- 한약명 _ 복분자(覆盆子)

　덜 익은 복분자 열매를 막걸리에 버무려 쪄서 말린 것을 약용하며, 예부터 약술로 많이 이용해 왔다. 지방에 따라 복분자로 담그기도 하고, 완전히 익은 복분자딸기로 담그기도 한다. 맛이나 향은 익은 딸기로 담근 것이 좋고, 효능은 익기 전의 복분자로 담근 것이 좋다. 복분자는 기운을 돋우고 몸을 가볍게 하며, 눈을 밝게 하고 백발(白髮)을 예방한다. 신장 기능을 강화하여 유정(遺精)과 몽정(夢精)을 치료하고 소변을 잘 나오게 하며, 남성의 신기 부족이나 정액 부족, 발기 부전에 특효가 있다. 여성의 자궁 수임(受姙) 기능 약화로 인한 불임에도 좋다. 복분자딸기주를 담글 때는 지나치게 깨끗이 씻지 말고, 복분자딸기 1,000g, 설탕 500g, 소주 1,800㎖를 섞어 일반 과실주 담그듯이 담그면 된다.

댑싸리술

지부자주, 地膚子酒

강 장 작 용 이 있 으 며 , 노 화 예 방 과 산 후 풍 (産 後 風)에 좋 은 약 술

[재료]

댑싸리(말린 것) 150g / 설탕 100g / 소주 1,800㎖

[제조 방법]

① 댑싸리는 9월 초순경 열매가 완전히 여물기 전에 채취하여 가는 줄기와 잎 열매
　를 물에 살짝 씻어 완전히 말려 이용한다.

② 댑싸리를 3~4㎝ 정도로 잘라서 용기에 넣고 소주와 설탕을 부어 밀봉하여 시원
　한 곳에 저장한다.

③ 처음 3~5일간은 1일 1회 정도 용기를 가볍게 흔들어 준다.

④ 3개월 뒤에 개봉하여 약재를 건져 내고, 건져 낸 약재의 1/5 정도를 다시 용기에
　넣어 밀봉하여 시원한 곳에 저장한다.

⑤ 6개월 이상 숙성하여 여과지에 걸러서 보관하며 복용한다.

[효능]

강장(强壯) 작용이 있고 양기(陽氣)를 돋우며, 노화 예방에 좋고 소변을 잘 나오게 하
며, 중풍 예방 효과가 있다. 산후풍(産後風)에도
효과가 있다.

약재 댑싸리

[복용법]

1일 2회 20~30㎖씩 아침저녁으로 식후에 복용
한다.

댑싸리

[총론]

- 이명 _ 비싸리, 공쟁이, 지규, 지부, 대싸리
- 한약명 _ 지부자(地膚子)

댑싸리 씨앗을 약용으로 이용한다.

9월경 채취한 댑싸리는 이뇨 효과가 있다. 댑싸리술은 민간에서 정력제로 많이 애용되어 왔으며, 여성들에게는 산후풍이나 관절통에 효과가 있다. 오줌 소태는 주로 부인에게 많이 발생하는데, 이때 댑싸리를 이용하면 열이 내리고 소변이 시원하게 나오며 상쾌함을 느낄 수 있다.

한의학 치료에서 열매(지부자)는 독풀이약과 이뇨제로 임질(淋疾)이나 발기 부전, 신장염, 방광염, 요도염 등에 처방된다.

해바라기술

향일규주, 向日葵酒

추위를 많이 타거나 신경 불안, 불면증에 좋은 약술

[재료]

해바라기 씨(깐 것) 200g / 설탕 100g / 소주 1,800㎖

[제조 방법]

① 해바라기 씨를 깨끗이 씻어서 살짝 볶는다. 볶은 해바라기 씨의 껍질을 완전히 까
　 서 이용한다.

② 준비한 재료를 용기에 넣고 소주와 설탕을 부어 밀봉하여 시원한 곳에 저장한다.

③ 처음 3~5일간은 1일 1회 정도 용기를 가볍게 흔들어 준다.

④ 6개월 이상 지난 뒤에 완전 개봉하여 여과지에 걸러서 보관하며 복용한다.

[효능]

추위를 많이 타는 사람에게 좋고 신경성 두통과 불안감을 해소해 주며, 숙면을 취하
게 한다. 속이 자주 매스껍고 열이 오를 때 복용하면 좋다.

해바라기 씨를 살짝 볶아 자주 까 먹으면 노인성 치매 예방과 두뇌 계발에 좋다.

약재 해바라기 씨

[복용법]

1일 2회 20~30㎖씩 아침저녁으로 식후에 복용
한다.

해바라기

[총론]

- 이명 _ 향일규(向日葵), 규곽(葵藿), 향일화(向日花), 규화(葵花)
- 한약명 _ 향일규자(向日葵子)

해바라기 씨앗을 약용으로 이용한다.

해바라기 씨는 영양학적으로 비타민 함량이 풍부하다. 특히 비타민A · E 함유량이 다른 유지(油脂)에 비해 월등하여 피부와 시력 장애에 효과가 있다. 월경 불순이나 월경통에 효과적이고, 해바라기 씨를 볶아서 먹으면 심장의 관상동맥 경화를 예방하고, 생활습관병 예방에도 도움이 된다. 변비를 해소하고 피로한 간을 활성화하는 데도 좋으며, 불안하거나 초조할 때 해바라기 씨를 직접 까서 먹으면 안정을 찾을 수 있다. 단, 임산부는 지나치게 많이 먹어서는 안 된다.

차조기술

자소주, 紫蘇酒

입맛을 돋우고 혈액 순환을 좋게 하며, 땀이 잘 나게 하고 생선독을 풀어 주는 약술

[재료]

차조기 잎 · 줄기 · 꽃 · 씨 500g / 설탕 100g / 소주 1,800㎖

[제조 방법]

① 늦여름, 꽃이 피고 열매가 완전히 맺기 전에 채취한 차조기 잎과 줄기, 꽃, 씨를 물에 살짝 씻어 하루 정도 그늘에 말려 물기를 완전히 제거하고 이용한다.

② 준비된 재료를 용기에 넣고 소주와 설탕을 부어 밀봉하여 시원한 곳에 저장한다.

③ 처음 3～5일간은 1일 1회 정도 용기를 가볍게 흔들어 준다.

④ 약 3개월 뒤에 개봉하여 약재를 완전히 건져 내고 여과지에 걸러서 다시 밀봉하여 저장한다.

⑤ 6개월 이상 숙성하여 보관하며 복용한다.

[효능]

입맛을 돋우고 혈액 순환을 좋게 하며, 땀이 잘 나게 하고 소화를 도우며, 몸을 따뜻하게 하는 등의 효능이 있다. 생선독을 풀어 주므로 회를 먹거나 생선 반찬이 올라왔을 때 반주로 마시면 적당하다.

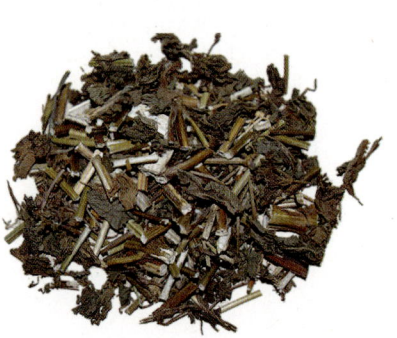

약재 차조기

[복용법]

1일 2회 20～30㎖씩 아침저녁으로 식후에 복용한다.

차조기

[총론]

- **이명** _ 소엽, 소자, 차조기, 자소, 적소
- **한약명** _ 소엽(蘇葉), 자소(紫蘇), 소자(蘇子)

　차조기의 잎과 줄기를 소엽이라 하고, 씨앗을 소자라 한다. 차조기 잎은 들
깻잎과 같이 채소로 많이 이용되고 있다.

　차조기는 풍한(風寒)을 흩어 버리고 속을 편안하게 하며, 담(痰)을 없애 주고
폐를 이롭게 한다. 또한 혈(血)을 화(和)하고 속을 덥게 하고 통증(痛症)을 그치
게 하며, 기침을 멈추게 하고 태(胎)를 평안하게 한다. 생선독을 풀어 주고, 외
용(外用)으로 이용할 때는 뱀이나 개에 물린 데 찧어 붙인다. 씨는 풍(風)을 다
스리고, 기혈(氣血)의 순환을 촉진한다. 기침을 멈추고 소화를 잘되게 하며, 몸
을 따뜻하게 하는 효능이 있어 감기나 해소, 인후염, 소화 불량, 부스럼, 무좀,
신경 쇠약, 불면증, 당뇨병, 요통 등 다양한 질환에 이용된다.

재피술

산초주, 山椒酒

신경통, 관절염, 소화 불량, 설사에 좋은 약술

[재료]

산초(山椒) 100g / 설탕 100g / 소주 1,800㎖

[제조 방법]

① 산초를 살짝 씻어서 완전히 말려 이용한다.

② 준비된 재료를 용기에 넣고 소주와 설탕을 부어 밀봉하여 시원한 곳에 저장한다.

③ 처음 3~5일간은 1일 1회 정도 용기를 가볍게 흔들어 준다.

④ 3개월 뒤에 약재를 완전히 건져 내고 여과지에 걸러서 밀봉하여 시원한 곳에 저장한다.

⑤ 6개월 이상 숙성시킨 뒤에 보관하며 복용한다.

[효능]

신경통, 관절염, 설사, 소화 불량에 좋은 약술이다. 생선을 먹을 때 반주로 사용하면 비린내를 제거해 준다.

약재 재피

[복용법]

1일 2회 20~30㎖씩 아침저녁으로 식후에 복용한다.

※ 주의 : 몸에 열이 많고, 오후에 얼굴과 머리 위로 열이 달아오르는 사람에게는 좋지 않다. 특히 임산부는 복용에 주의해야 한다.

재피

[총론]

- 이명 _ 초피, 재피, 지피, 천초
- 한약명 _ 산초(山椒), 천초(川椒)

산초나무 열매의 씨껍질을 약용으로 이용한다.

산초는 중국 요리에 많이 들어가는 향신료 가운데 하나로, 우리나라에서는 추어탕에 넣어 미꾸라지의 비린 맛과 찬 성질을 중화하는 데 이용한다. 김치를 시지 않게 하기 위해 넣기도 하고, 껍질은 물고기를 잡는 데 이용하기도 한다. 초피나무 열매 껍질을 베개 속에 넣고 자면 두통이나 불면증에 효과가 있다. 산초는 성질이 매우 뜨거운 편으로, 몸을 따뜻하게 하는 작용이 있어 손발과 아랫배가 차고 관절이 아플 때 효과가 있다. 식용으로 쓸 때는 주로 조미료로 이용한다.

두릅술

총백피주, 摠白皮酒

류머티즘성 관절염, 당뇨병, 신경통, 위장병 등에 좋은 약술

[재료]

두릅나무 껍질(총백피) 150g / 설탕 100g / 소주 1,800㎖

[제조 방법]

① 두릅나무 껍질을 말려서 등껍질을 약간 긁어내고 이용한다.

② 4～5㎝ 정도로 잘라서 용기에 넣고 소주와 설탕을 부어 밀봉하여 시원한 곳에 저장한다.

③ 처음 3～5일간은 1일 1회 정도 용기를 가볍게 흔들어 준다.

④ 3개월 뒤에 개봉하여 약재를 건져 내고, 건져 낸 약재의 1/5 정도를 다시 용기에 넣어 밀봉하여 저장한다.

⑤ 6개월 뒤에 완전 개봉하여 여과지에 거른 뒤 보관하며 복용한다.

[효능]

류머티즘성 관절염 · 당뇨병 · 신경통 · 위장병 등에 효과가 있고, 신경 쇠약과 저혈압에도 효과적이다.

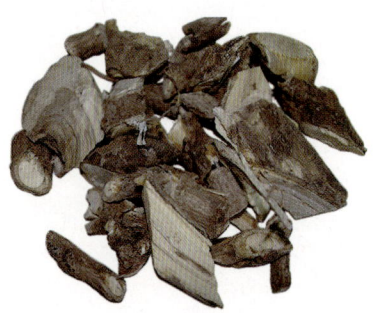

약재 두릅

[복용법]

1일 2회 20～30㎖씩 아침저녁으로 식후에 복용한다.

두릅나무

[총론]

- 이명 _ 목두채(木頭菜), 총목두릅, 참두릅, 총목피, 총목(楤木)
- 한약명 _ 총목피(楤木皮), 총백피(楤白皮)

두릅의 어린순을 목두채라 하고, 줄기와 뿌리껍질을 총목피라 한다.

줄기의 껍질 및 뿌리의 껍질을 약용으로 이용한다.

두릅나무의 나무 껍질을 벗겨서 말린 것을 총백피라 하고, 뿌리의 껍질을 총근피라 하여 같은 목적으로 쓴다. 한방에서는 강장(强壯)·강정(强情), 신경 불안·류머티즘성 관절염·당뇨병·발기 부전 등에 처방 배합된다.

민간에서는 총백피를 위장병이나 신경통, 당뇨병에 달여 마시거나 술을 담가 이용한다. 잎은 건위 정장(健胃整腸)에 쓴다. 몸이 쇠약할 때, 특히 신경 쇠약이나 저혈압에 이용한다.

자귀나무술

합환주, 合歡酒

자양 강장 효과가 있으며, 불면증과 부부 합환에 좋은 약술

[재료]

열매로 담글 때 _ 자귀나무 열매 300g / 설탕 100g / 소주 1,800㎖
꽃으로 담글 때 _ 자귀나무 꽃 500g / 설탕 100g / 소주 1,800㎖

[제조 방법]

① 꽃으로 담글 때는 7월에 꽃송이를 채취하여 물에 가볍게 씻어 하루 정도 그늘에 말려 물기를 완전히 없애고 이용한다. 열매로 담글 때는 9월 말경에 콩깍지 같은 씨앗이 약간 덜 익었을 때 따서 깍지채 물에 씻어 이틀 정도 말려 물기를 완전히 없애고 이용한다.

③ 준비된 재료를 용기에 담고 소주와 설탕을 부어 밀봉하여 시원한 곳에 저장한다.

④ 처음 3~5일간은 1일 1회 정도 용기를 가볍게 흔들어 준다.

⑤ 3개월 뒤에 개봉하여 꽃(또는 열매)을 완전히 건져 내고 여과지에 걸러서 밀봉하여 시원한 곳에 저장해 놓고 6개월 이상 숙성하여 보관하며 복용한다.

[효능]

꽃술은 홍분제 역할을 하여 남녀의 규방주(閨房酒)로 이용되고, 특히 잠을 이루지 못할 때 마시면 불면증 치료에 좋다. 열매술은 오래 먹으면 자양 강장(滋養強壯) 효과가 있고, 다른 효능은 꽃술과 비슷하다.

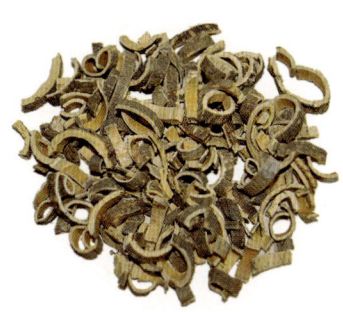

약재 자귀나무 껍질

[복용법]

1일 2회 20~30㎖씩 아침저녁으로 식후에 복용한다.

자귀나무

[총론]

• 이명 _ 야합수, 합환목(合歡木), 자귀나무
• 한약명 _ 합환피(合歡皮)

　자귀나무는 맛이 달고 성질은 평하다. 줄기 껍질을 약용으로 이용하고, 꽃이
나 열매는 약술에 주로 이용한다.

　자귀나무는 밤이 되면 잎이 서로 붙고 화사한 꽃이 피며, 향기가 풍부해 예
부터 부부 사이가 멀어진 사람들이 이 나무를 심어 사랑을 끈끈하게 이어 갔다
는 전설이 있다. 한방에서는 우울증이나 불안, 불면, 번민(煩悶) 등 정신적 갈등
이 있을 때 복용하면 편안해진다고 하여 무우환락지재(無憂歡樂之材)라는 명칭
이 있다. 강장과 흥분 작용이 있으며, 진통 작용과 근골을 좋게 한다.

호랑가시술

구골목주, 拘骨木酒

관절염이나 골다공증, 골절(骨切) 등 뼈와 관절 질환에 좋은 약술

[재료]

호랑가시나무 잔가지와 잎 400g / 설탕 100g / 소주 1,800㎖

[제조 방법]

① 호랑가시나무 줄기를 잎과 함께 채취하여 흐르는 물에 살짝 씻어 하루 정도 그늘
　에 말려 이용한다.

② 준비된 재료를 용기에 넣고 소주와 설탕을 부어 밀봉하여 시원한 곳에 저장한다.

③ 처음 3~5일간은 1일 1회 정도 용기를 가볍게 흔들어 준다.

④ 3개월 뒤에 개봉하여 약재를 건져 내고, 건져 낸 약재의 1/5 정도를 다시 용기에
　넣어 밀봉하여 시원한 곳에 저장한다.

⑤ 6개월 뒤에 완전 개봉하여 여과지에 걸러서 보관하며 복용한다.

[효능]

관절염이나 골다공증, 골절 등 뼈와 관절 질환에 효험이 있다. 간을 튼튼하게 하고
기침을 멎게 한다.

약재 호랑가시

[복용법]

1일 2회 20~30㎖씩 아침저녁으로 식후에 복용
한다.

호랑가시나무

[총론]

- **이명** _ 묘아자나무, 호랑이발톱, 구골목, 산혈단
- **한약명** _ 구골목(枸骨木)

　호랑가시나무의 열매와 뿌리를 주로 약용하며, 잎은 차로 이용한다.

　구골목은 뼈 질환에 좋은 약으로, 골절이나 골다공증, 류머티즘성 관절염, 요통 등에 효과를 발휘한다. 호랑가시나무 열매에는 심장을 튼튼하게 하고 정신을 맑게 하며, 양기를 늘려 주는 성분이 들어 있어 한방에서도 자양 강장제(滋養强壯材)로 쓰인다. 잎이나 줄기, 뿌리를 약으로 쓰면 골다공증이나 무릎이 아프고 다리에 힘이 없는 증세, 신허 요통, 류머티즘성 관절염 등에 효과가 좋다. 간을 튼튼하게 하고 기침을 멎게 하는 효과도 있다. 호랑가시술을 오랫동안 복용하면 뼈가 튼튼해지고 정력이 좋아지며, 장수하게 된다.

호랑가시열매주

피로 회복에 좋고 심장을 튼튼하게 하며 양기를 돋우는 약술

[재료]

호랑가시나무 열매 500g / 설탕 100g / 소주 1,800㎖

[제조 방법]

① 겨울철에 빨갛게 잘 익은 열매를 깨끗한 물에 살짝 씻어서 하루 정도 그늘에 말려
　꼭지를 따고 하루 정도 더 말려서 이용한다.

② 준비한 재료를 용기에 넣고 소주와 설탕을 부어 밀봉하여 시원한 곳에 저장한다.

③ 처음 3~5일간은 1일 1회 정도 용기를 가볍게 흔들어 준다.

④ 3개월 뒤에 개봉하여 약재를 건져 내고, 건져 낸 약재의 1/5 정도를 다시 용기에
　넣어 밀봉하여 시원한 곳에 저장한다.

⑤ 6개월 뒤에 완전 개봉하여 여과지에 걸러서 보관하며 복용한다.

[효능]

근육과 뼈마디가 쑤시거나 온몸이 노곤하고 쉽게 피로를 느끼는 증상 등에 효과가
있으며, 심장을 튼튼하게 하고 정신을 맑게 하며, 양기를 돋우는 효과가 있다.

약재 호랑가시 열매

[복용법]

1일 2회 20~30㎖씩 아침저녁으로 식후에 복용한다.

호랑가시 열매

- 이명 _ 묘아자나무, 호랑이발톱, 구골목, 산혈단
- 한약명 _ 구골목(枸骨木)

구골목(枸骨木)은 나무 줄기가 개의 뼈를 닮았다고 해서 붙여진 이름이다. 우리나라에는 이 나무에 대해 전해 오는 풍습이 있는데, 음력 2월 4일 날 호랑가시나무 가지를 꺾어다 정어리 머리를 꿰어 처마 밑에 달아 놓으면 악귀가 겁을 먹고 범접하지 못한다고 한다. 크리스마스 트리에 장식되거나 카드·연하장에도 많이 등장하는데, 여기에도 관련된 이야기가 있다. 예수가 십자가에 못 박힐 때 쓴 가시관과 비슷하다는 점과, 예수의 고통을 덜어 주려고 새 한 마리가 날아와 머리에 박힌 가시를 빼내려다 찔려 죽었는데 그 새가 호랑가시나무 열매를 잘 먹었다는 설이다. 그 밖에도 옛 로마에서는 호랑가시나무를 집 안에 심으면 재앙이 없어진다고 믿었다고 한다. 일본에도 우리와 똑같은 풍습이 있다.

103

화살나무술

귀전우주, 鬼箭羽酒

몸을 따뜻하게 하고 마음을 안정시키며, 여성 질환에 좋은 약술

[재료]

화살나무 150g / 설탕 100g / 소주 1,800㎖

[제조 방법]

① 화살나무의 가지와 잎, 날개를 함께 깨끗이 씻어 완전히 말려서 이용한다.
② 준비된 약재를 용기에 넣고 소주와 설탕을 부어 밀봉하여 시원한 곳에 저장한다.
③ 처음 3~5일간은 1일 1회 정도 용기를 가볍게 흔들어 준다.
④ 3개월 뒤에 개봉하여 약재를 건져 내고, 건져 낸 약재의 1/5 정도를 다시 용기에
　　넣어 밀봉하여 시원한 곳에 저장한다.
⑤ 6개월 뒤에 완전 개봉하여 여과지에 걸러서 보관하며 복용한다.

[효능]

몸을 따뜻하게 하고 마음을 안정시켜 준다. 혈액 순환을 좋게 하며, 여성의 생리 불
순에 좋다.

약재 화살나무

[복용법]

1일 2회 20~30㎖씩 아침저녁으로 식후에 복용
한다.

※ 주의 : 임산부는 복용을 금한다.

화살나무

[총론]

• 이명 _ 귀전(鬼箭), 신전(神箭), 사면극(四面戟), 참빗나무
• 한약명 _ 귀전우(鬼箭羽)

  화살나무의 가지와 잎, 가지에 달린 날개를 약용으로 이용한다.

  화살나무는 민간에서 위암과 식도암 등 암에 효과가 있다 하여 널리 알려져
있다. 화살나무 달인 것을 오랫동안 복용했더니 암이 나았다거나 증상이 좋아
졌다는 사례가 더러 있는 것으로 보아 어느 정도 항암 효과가 있는 것으로 짐
작된다. 원인 없이 시름시름 아프거나 귀신 들린 병, 크게 놀라서 생긴 병 등을
고쳐 준다고 민간에 전해 오고 있다.

  또한 화살나무는 귀신이 무서워하는 나무라 하여 귀신을 쫓는 데 사용하기
도 하며, 열매를 오래 달여 고약을 만들어 피부병 치료에도 이용한다.

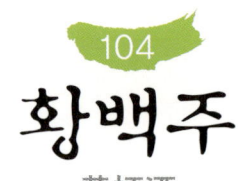

104

황백주

黃栢酒

[재료]

황백(黃栢) 150g / 설탕 100g / 소주 1,800㎖

[제조 방법]

① 가을에 껍질을 벗겨 사용하는데, 겉껍질을 깎아 내고 속껍질 부분을 완전히 말려
   적당하게 썰어서 이용한다.
② 준비된 재료를 용기에 넣고 소주와 설탕을 부어 밀봉하여 시원한 곳에 저장한다.
③ 처음 3~5일간은 1일 1회 정도 용기를 가볍게 흔들어 준다.
④ 3개월 뒤에 개봉하여 약재를 건져 내고, 건져 낸 약재의 1/5 정도를 다시 용기에
   넣어 밀봉하여 시원한 곳에 저장한다.
⑤ 6개월 뒤에 완전 개봉하여 여과지에 걸러서 보관하며 복용한다.

[효능]

위장병에 좋으며, 특히 이질 설사에 효과적이다. 방광염과 요도염에도 효과가 있다.

약재 황백

[복용법]

1일 2회 20~30㎖씩 아침저녁으로 식후에 복용
한다.

황백나무

[총론]

- 이명 _ 황벽나무, 황경피나무, 황경나무
- 한약명 _ 황백(黃栢)

황벽나무의 껍질을 벗겨 겉껍질의 코르크층을 깎아 낸 뒤 속껍질을 약용으로 이용한다.

위장병에 귀중하게 여겨온 약용주(藥用酒)이다. 황백의 내피를 가루로 만들어서 식초로 연하게 하여 관절염이나 좌상 등에 냉습포(冷濕布)하면 진통(陣痛) · 소염(消炎) 작용을 한다. 결막염에 효과가 있고 건위(健胃) · 정장(整腸) 작용을 하며, 황색 염료로도 쓰인다. 종자는 해열(解熱) · 거담제(祛痰劑)로 쓰이며, 뿌리는 해열(解熱) · 이뇨(利尿) · 지갈(止渴)에 효과적이고 이질(痢疾)과 황달(黃疸), 유즙 분비(乳汁分泌) 등에 좋다. 방광염과 요도염 같은 염증 치료에도 효과적이다. 수용액은 유행성 안질(眼疾)에 세안 소독약으로도 이용한다.

105

이질풀술

현초주, 玄草酒

정 장 (整 腸) 작 용 이 있 어 서 변 비 와 설 사 에 효 과 적 인 약 술

[재료]

이질풀(말린 것) 150g / 설탕 100g / 소주 1,800㎖

[제조 방법]

① 7월 하순경에 채취한 이질풀(전초)을 물에 깨끗이 씻어서 햇볕에 완전히 말려 4~
    5㎝ 정도로 썰어서 이용한다.
② 준비한 재료를 용기에 넣고 소주와 설탕을 부어 밀봉하여 시원한 곳에 저장한다.
③ 처음 3~5일간은 1일 1회 정도 용기를 가볍게 흔들어 준다.
④ 3개월 뒤에 개봉하여 약재를 건져 내고, 건져 낸 약재의 1/5 정도를 다시 넣고 밀
    봉하여 시원한 곳에 저장한다.
⑥ 6개월 뒤에 완전 개봉하여 여과지에 걸러서 보관하며 복용한다.

[효능]

잎에 탄닌(tannin)이 많이 함유되어 있어서 정장(整腸) 약으로 변비와 설사에 효험이
있다. 건위 · 강장 효과가 있으며, 소변을 잘 나
오게 한다.

약재 이질풀

[복용법]

1일 2회 20~30㎖씩 아침저녁으로 식후에 복
용한다.

이질풀

• 이명 _ 현초, 현지초, 쥐손이풀, 노관초, 이질초
• 한약명 _ 노관초(老觀草), 현초(玄草)

　이질풀 전초를 약용으로 이용한다.

　이질풀은 보통 산과 들, 길가의 양지 바른 곳에 자생하며, 예부터 이질을 치료하는 민간약으로 유명하다. 적리균·장티푸스균·대장균 등에 대해 살균 작용이 있으며, 위·십이지장궤양에도 어느 정도 효과를 인정받고 있다. 또한 상처에 이질풀 즙을 바르면 염증이 제거되고 상처가 잘 치료되며, 고혈압을 예방하는 효과도 있다. 위장이 약한 사람은 약술로 마시면 위가 튼튼해지고 류머티즘성 관절염이나 근육통에도 효과가 있다.

　전초를 끓는 물에 추출하여 엷게 염색하여 철염으로 발색시키면 아름다운 빛깔의 회색을 얻을 수 있어 염색제로도 이용 가능하다.

106

목단피주

牧丹皮酒

생리 불순이나 생리통, 특히 부인과 질환에 좋은 약술

[재료]

목단피(牧丹皮) 150g(마른 것) / 설탕 100g / 소주 1,800㎖

[제조 방법]

① 목단피를 채취하여 뿌리의 심(뿌리 내피 속의 목질부)을 제거하고 깨끗이 씻어 완전히 말려 이용한다.

② 약재를 용기에 넣고 설탕과 소주를 부어 밀봉하여 시원한 곳에 저장한다.

③ 처음 3~5일간은 1일 1회 정도 용기를 가볍게 흔들어 준다.

④ 3개월 뒤에 개봉하여 약재를 건져 내고, 건져 낸 약재의 1/5 정도를 다시 용기에 넣어 밀봉하여 시원한 곳에 저장한다.

⑤ 6개월 뒤에 완전 개봉하여 여과지에 걸러서 보관하며 복용한다.

[효능]

생리 불순이나 생리통, 특히 부인과 질환에 효과적이다. 이뇨(利尿)·해열(解熱)·진통(鎭痛)·정혈(淨血) 효과가 있다.

약재 목단피

[복용법]

1일 2회 20~30㎖씩 아침저녁으로 식후에 복용한다.

※ 주의 : 월경 과다나 자한증(自汗症)에는 복용하지 않는다.

목단

[총론]

- **이명** _ 단피(丹皮), 목작약(木芍藥), 모란
- **한약명** _ 목단피(牧丹皮)

　모란은 아름다운 꽃도 보고 몸에 이로운 약초도 얻을 수 있는 유용한 식물이다. 모란 뿌리의 껍질을 주로 약용으로 이용하는데, 맛은 쓰고 매우며 성질은 약간 차다. 심과 간, 신장에 작용하여 생리 불순이나 생리통, 멍, 토혈(吐血), 코피, 피부 반점 등의 증상에 이용한다. 특히 이 약은 출혈을 멈추게 하지만 피를 잘 돌게 하여 뭉치지 않게 하는 효능이 있다. 그 밖에도 진정과 최면, 진통, 혈압 강하, 다리 부종을 억제하는 작용과 항균 작용을 한다. 고름을 빨아내고 타박상으로 인한 어혈을 풀어 주며, 피부 발진을 치료하는 작용이 있다. 여성의 월경 불통과 통경(通經)에도 유효한데, 이는 혈소판 응집 억제 혈류의 활성화에서 오는 효과라고 할 수 있다.

107

엉겅퀴꽃술

야홍화주, 野紅花酒

피로를 푸는 데 좋고, 소화 촉진, 남성의 정력 증강, 혈액 순환 촉진에 좋은 약술

[재료]

엉겅퀴 꽃 500g / 설탕 100g / 소주 1,800㎖

[제조 방법]

① 꽃을 송이채 따서 물에 살짝 헹구어 물기를 뺀 뒤 3~4일 정도 말려서 물기를 완전히 제거한 뒤에 이용한다.

② 준비된 약재를 용기에 넣고 소주와 설탕을 부어 밀봉하여 시원한 곳에 저장한다.

③ 처음 3~5일간은 1일 1회 정도 용기를 가볍게 흔들어 준다.

④ 3개월 뒤에 약재를 건져 내고, 건져 낸 약재의 1/5 정도를 다시 용기에 넣고 밀봉하여 시원한 곳에 저장한다.

⑤ 6개월 이상 숙성하여 여과지에 걸러서 보관하며 복용한다.

⑥ 술이 익으면 회색에 가까운 황색을 띤다.

[효과]

피로와 스트레스를 풀어 주고 소화를 촉진한다. 남성의 정력 증강은 물론 혈액 순환을 원활하게 한다. 부인병에 도움이 되고, 몸에서 싱그러운 향기가 나게 한다.

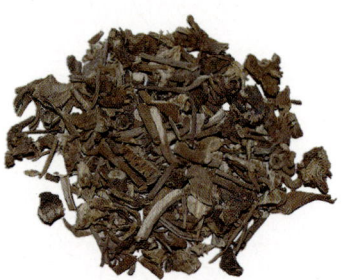

약재 엉겅퀴

[복용법]

1일 2회 20~30㎖씩 아침저녁으로 식후에 복용한다. 국화향 같은 은은함과 쌉쌀한 맛이 있어 그대로 마셔도 좋고 설탕이나 꿀, 물을 첨가해도 좋다.

엉겅퀴꽃

[**총론**]

- 이명 _ 대계, 계, 가시나물, 항가새, 엉거시
- 한약명 _ 대계(大薊)

　엉겅퀴 뿌리를 약용하고, 꽃은 약술로 이용한다.

　국화과에 속하는 다년생 풀로, 6~8월에 보라색 꽃이 핀다. 어린순은 튀김이나 무침, 국거리, 찌개거리 등으로 이용하고, 뿌리는 약용 외에도 삶아서 떫은 맛을 제거하여 구이나 볶음용으로 이용할 수 있다. 대계는 독이 없으며, 맛은 달고 이뇨(利尿) · 해독(解毒) · 소염(消炎) · 지혈(止血) 효과가 있다. 혈액 순환을 원활하게 하고, 혈관에 쌓인 노폐물을 청소해 준다. 따라서 타박상이나 부스럼, 종기 등을 비롯한 악성 종양에도 효과가 좋다. 아침에 잠자리에서 일어날 때 허리가 아프거나 배뇨가 잘 이루어지지 않는 증상이 있는 남성들에게 효과가 있으며, 야홍화는 생즙이나 차로 이용하기도 한다.

108

강호리술

강활주, 羌活酒

산후풍(産後風), 관절염, 두통, 전신 관절통에 좋은 약술

[재료]

강활(羌活) 150g / 설탕 100g / 소주 1,800㎖

[제조 방법]

① 강활을 깨끗이 씻어서 그늘에 완전히 말려 얇게 썰어 이용한다. 강활, 당귀, 고본
   은 모양이 비슷하므로 주의해야 한다.
② 준비한 약재를 용기에 넣고 소주와 설탕을 부어 밀봉하여 시원한 곳에 저장한다.
③ 처음 3~5일간은 1일 1회 정도 용기를 가볍게 흔들어 준다.
④ 3개월 뒤에 개봉하여 약재를 건져 내고, 건져 낸 약재의 1/5 정도를 다시 용기에
   넣어 밀봉하여 시원한 곳에 저장한다.
⑤ 6개월 뒤에 완전 개봉하여 여과지에 걸러서 보관하며 복용한다.

[효능]

산후풍, 오한, 골절통(骨節痛)에 효과가 있고, 관절염, 두통, 전신 관절통에도 좋다.

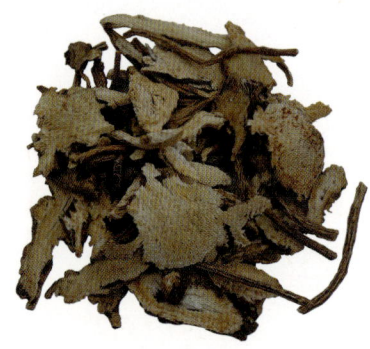

약재 강호리

[복용법]

1일 2회 20~30㎖씩 아침저녁으로 식후에 복
용한다.

※ 주의 : 빈혈로 인한 두통에는 복용을 금한다.

강호리

[총론]

• 이명 _ 강청, 강호리
• 한약명 _ 강활(羌活)

강호리 뿌리를 약용으로 이용한다.

강활은 가을에 채취하며, 겉모양이 당귀(當歸)와 비슷하다. 성질이 약간 따뜻하고 맛은 맵고 독이 없으며, 땀을 나게 하고 풍습(風濕)을 없애며, 진통(鎭痛) 효과가 있다. 진정(鎭靜)·소염(消炎)·억균(抑菌) 작용 등도 있으며, 풍한표증(風寒表症 : 오싹오싹 춥고 열이 나는 증상)이나 두통, 풍한습비(風寒濕痺 : 풍한습의 나쁜 기운이 근골에 침입하여 묵직하게 저리거나 시린 증상) 등에 쓴다. 감기몸살에 특히 효과적이며, 목이 아파 고개를 돌리기 힘든 증상에도 달여 마시면 좋은 효과를 볼 수 있다. 강활만 이용하는 것보다 다른 약재와 배합하거나 독활과 함께 쓰면 효과가 더욱 빠르다.

조릿대술

담죽주, 淡竹酒

혈 액 순 환 , 피 로 회 복 , 스 트 레 스 해 소 에 좋 은 약 술

[재료]

조릿대 잎과 줄기(말린 것) 150g / 설탕 100g / 소주 1,800㎖

[제조 방법]

① 늦여름에 조릿대의 줄기와 잎을 채취하여 깨끗이 씻어 잘 말려서 적당한 크기로 잘라 이용한다.

② 준비된 약재를 용기에 넣고 소주와 설탕을 부어 밀봉하여 시원한 곳에 저장한다.

③ 처음 3~5일간은 1일 1회 정도 용기를 가볍게 흔들어 준다.

④ 3개월 뒤에 개봉하여 약재를 건져 내고, 건져 낸 약재의 1/5 정도를 다시 용기에 넣어 밀봉하여 시원한 곳에 저장한다.

⑤ 6개월 뒤에 완전 개봉하여 여과지에 걸러서 보관하며 복용한다.

[효능]

혈액 순환을 촉진하고 소변이 잘 나오게 하며, 피로와 스트레스를 풀어 준다.

[복용법]

1일 2회 20~30㎖씩 아침저녁으로 식후에 복용한다.

※ 주의 : 조릿대는 성질이 차가워서 몸이 차거나 혈압이 낮은 사람에게는 좋지 않다.

약재 조릿대

조릿대

[총론]

- 이명 _ 산죽(山竹), 지죽(地竹), 입죽(笠竹), 갓대
- 한약명 _ 죽엽(竹葉), 담죽엽(淡竹葉)

조릿대는 대나무 가운데 가장 작은 대나무로 잎과 가는 줄기를 약용으로 이용한다.

열을 내리고 독을 풀어 주며, 가래를 없애고 소변을 잘 나오게 하며, 염증을 치료하고 암 세포를 억제하는 효과가 있다. 여름철에 더위를 먹었거나 더위를 이기기 위해서는 조릿대 잎을 따서 그늘에 말려 두었다가 잘게 썰어서 차로 끓여 마시면 좋다. 약간 단맛이 나고 청량감이 있어 먹기도 좋다. 조릿대술은 피로를 풀어 주고 신경을 안정시키며, 불면증과 스트레스를 푸는 데 좋다. 잎은 방부 효과가 있어서 조릿대 잎에 떡을 싸 두면 며칠씩 두어도 상하지 않으며, 팥을 삶을 때 조릿대 잎을 넣으면 익는 속도도 빠르고 쉽게 상하지도 않는다.

도꼬마리술

창이자주, 蒼耳子酒

축농증 및 비염에 효과가 좋고, 관절염 및 신경통에 좋은 약술

[재료]

창이자(蒼耳子) 150g / 설탕 100g / 소주 1,800㎖

[제조 방법]

① 가을에 잎이 떨어지기 전, 도꼬마리 씨를 채취하여 살짝 씻어서 완전히 말려 이용
  한다.

② 준비한 도꼬마리 씨를 살짝 볶아서 용기에 넣고 소주와 설탕을 부어 밀봉하여 시
  원한 곳에 저장한다.

③ 처음 3~5일간은 1일 1회 정도 용기를 가볍게 흔들어 준다.

④ 3개월 뒤에 약재를 건져 내고, 건져 낸 약재의 1/5 정도를 다시 용기에 넣어 밀봉
  하여 시원한 곳에 저장한다.

⑤ 6개월 뒤에 완전 개봉하여 여과지에 걸러서 보관하며 복용한다.

[효능]

축농증, 비염, 관절염, 신경통에 효과가 있으며, 두통에도 효과를 나타낸다.

약재 도꼬마리

[복용법]

1일 2회 20~30㎖씩 아침저녁으로 식후에 복용
한다.

※ 도꼬마리차 : 도꼬마리 열매를 달여 차처럼 마시거
  나 코 속을 수시로 씻으면 축농증과 비염에 좋다.

도꼬마리

[총론]

- 이명 _ 권이자, 창이, 독고마리, 태이자
- 한약명 _ 창이자(蒼耳子)

도꼬마리의 완숙한 열매를 약용으로 이용한다.

도꼬마리는 흔히 이용하는 민간 약초 가운데 하나다. 예부터 한센병(나병)이나 축농증, 비염, 관절염 등의 치료약으로 이용되었으며, 갑상선 기능 저하나 악성 종양을 치료하는 데도 이용해 왔다. 도꼬마리 줄기에 기생하는 벌레도 종기(腫氣)와 악창(惡瘡)에 효과가 있다. 도꼬마리술을 오랫동안 복용하면 눈과 귀가 밝아지고 골수가 튼튼해지며, 관절염 치료 및 예방에 좋고 힘이 난다. 중국산보다는 우리나라에서 채취한 것이 효과가 좋다.

111

단풍마술

천산룡주, 穿山龍酒

고혈압과 관절염에 효과적이고, 동맥경화에 좋은 약술

[재료]

단풍마 150g(생것 500g) / 설탕 100g / 소주 1,800㎖

[제조 방법]

① 가을에 채취한 단풍마의 잔뿌리를 제거하고 깨끗이 씻어 완전히 말려 이용한다.

② 준비한 재료를 용기에 넣고 소주와 설탕을 부어 밀봉하여 시원한 곳에 저장한다.

③ 처음 3~5일간은 1일 1회 정도 용기를 가볍게 흔들어 준다.

④ 3개월 뒤에 개봉하여 약재를 건져 내고, 건져 낸 약재의 1/5 정도를 다시 용기에 넣어 밀봉하여 시원한 곳에 저장한다.

⑤ 6개월 뒤에 완전 개봉하여 여과지에 걸러서 보관하며 복용한다.

[효능]

고혈압, 동맥경화, 좌골신경통, 관절염, 뼈마디가 쑤시는 데 효과가 좋다.

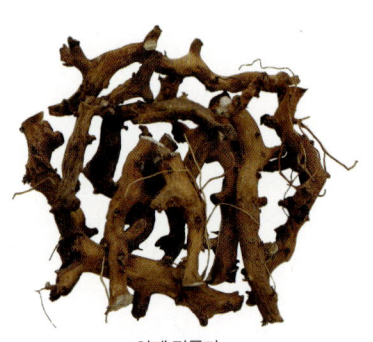

약재 단풍마

[복용법]

1일 2회 20~30㎖씩 아침 저녁으로 식후에 복용한다.

※ 주의 : 단풍마와 닮은 식물로 부채마, 국화마, 도꼬로마 등이 있는데, 부채마와 국화마는 단풍마와 약효가 거의 비슷하지만 도꼬로마는 완전히 다르다. 도꼬로마에는 독성이 있으므로 함부로 먹지 말 것.

단풍마

[총론]

- 이명 _ 천산룡, 개산약
- 한약명 _ 천산룡(穿山龍)

단풍마의 뿌리줄기를 약용으로 이용한다.

단풍마는 자양 강장(滋養强壯) 효과가 있으며, 풍습(風濕)을 없애고 혈(血)을 잘 돌게 하며, 경락(經絡)을 통하게 한다. 담(痰)을 삭이고 기침을 멈추게 하며, 혈압을 내리고 관상 혈관의 혈액 순환을 좋게 하며, 숨이 찬 증상도 완화해 준다. 방사선 치료로 인한 부작용도 줄여 준다. 원인을 알 수 없는 요통이나 타박상에도 효과가 신기한데, 요통에는 단풍마의 뿌리를 갈아서 복용하고, 타박상에는 신선한 잎과 줄기 또는 뿌리를 짓찧어 붙이면 된다. 봄이나 늦가을에는 단풍마의 뿌리를 캐어서 삶아 먹기도 한다.

112

댕댕이덩굴술

목방기주, 木防己酒

신경통, 관절염, 요통에 효과가 있으며, 고혈압과 중풍 예방에 좋은 약술

[재료]

목방기(木防己) 150g / 설탕 100g / 소주 1,800㎖

[제조 방법]

① 목방기를 물에 깨끗이 씻어 완전히 말려 얇게 썰어 이용한다.

② 준비한 약재를 용기에 넣고 설탕과 소주를 부어 밀봉하여 시원한 곳에 저장한다.

③ 처음 3~5일간은 1일 1회 정도 용기를 가볍게 흔들어 준다.

④ 3개월 뒤에 약재를 건져 내고, 건져 낸 약재의 1/5 정도를 다시 용기에 넣어 밀봉하여 시원한 곳에 저장한다.

⑤ 6개월 뒤에 완전 개봉하여 여과지에 걸러서 보관하며 복용한다.

[효능]

신경통, 관절염, 요통에 좋으며, 고혈압과 중풍, 비만증에도 효과가 있다.

[복용법]

1일 2회 20~30㎖씩 아침저녁으로 식후에 복용한다.

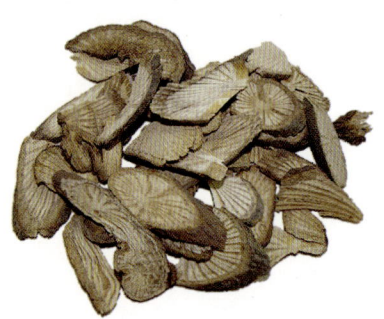

약재 댕댕이덩굴

댕댕이덩굴

[총론]

- 이명 _ 목방기, 청목향, 한방기, 댕댕이넝굴
- 한약명 _ 목방기(木防己)

댕댕이덩굴의 뿌리를 약용으로 이용한다.

진통(陣痛)·소염(消炎)제로 신경통이나 관절염, 류머티즘, 요통에 쓰고, 이뇨제로 각기증(脚氣症)이나 소변 불리, 신장병(腎臟病)으로 인한 부종(浮腫) 등에 처방된다. 방기는 강한 진통 작용이 있는데, 그 작용은 모르핀(morphine)과 비슷하지만 마약성은 없다. 진정 작용과 진해(鎭咳), 혈압 강하, 관절염에 대한 항염(抗炎) 작용도 있다.

약재 이외에도 열매와 뿌리는 접착제의 원료로, 줄기는 바구니 등 가정용 도구의 재료로 쓰이는 등 쓰임새가 다양한 덩굴식물이다.

우엉술

우방주, 牛蒡酒

신장을 튼튼하게 하며, 풍습(風濕)을 제거하는 데 좋은 약술

[재료]

우엉 씨(牛蒡子) 100g / 우엉 뿌리 말린 것 100g / 설탕 100g / 소주 1,800㎖

[제조 방법]

① 재료들을 깨끗이 손질하여 용기에 넣고 소주와 설탕을 부어 밀봉하여 시원한 곳
   에 저장한다.

② 처음 3~5일간은 1일 1회 정도 용기를 가볍게 흔들어 준다.

③ 3개월 뒤에 개봉하여 약재를 건져 내고, 건져 낸 약재의 1/5 정도를 다시 용기에
   넣어 밀봉하여 시원한 곳에 저장한다.

④ 6개월 뒤에 완전 개봉하여 여과지에 걸러서 보관하며 복용한다.

[효능]

신장을 튼튼하게 하고 양기(陽氣)를 강화하며, 풍습(風濕)을 제거하고 혈액 순환을
촉진한다.

[복용법]

1일 2회 20~30㎖씩 아침저녁으로 식후에 복
용한다.

약재 우엉

우엉

- 이명 _ 오실(惡實), 서점자(鼠粘子), 우엉씨, 우채자
- 한약명 _ 우방자(牛蒡子)

우엉 씨앗을 약용으로 이용한다.

우방자는 몸속의 풍열(風熱)을 몰아내고, 해열(解熱)·해독(解毒) 작용이 있어 유행성 감기로 인한 발열, 기침과 함께 가래가 많이 끓을 때, 두드러기나 종기 등의 피부 질환, 목이 붓고 아픈 증상 등에 효과가 있다. 여러 가지 피부 진균(眞菌)도 억제해 준다. 그 뿌리를 내복하면 신진대사를 증강시켜 주고 혈액 순환을 촉진하며, 잎을 외용하면 뚜렷한 소염(消炎)·진통(鎭痛) 효과를 볼 수 있고, 혈당을 낮춰 준다.

아이들의 땀띠가 심할 때 우엉 뿌리와 잎 달인 물을 발라 주면 효과가 좋다. 우엉술은 여성의 생리 불순에 효과가 좋다.

방풍주

防風酒

감기 초기 증상과 두통에 효과가 있고, 산후풍이나 신경통, 요통, 중풍 예방에 좋은 약술

[재료]

방풍(防風) 150g / 설탕 100g / 소주 1,800㎖

[제조 방법]

① 방풍을 깨끗이 씻어 완전히 말려 얇게 썰어서 이용한다.
② 준비된 약재를 용기에 넣고 소주와 설탕을 부어 밀봉하여 시원한 곳에 저장한다.
③ 처음 3~5일간은 1일 1회 정도 용기를 가볍게 흔들어 준다.
④ 3개월 뒤에 약재를 건져 내고, 건져 낸 약재의 1/5 정도를 다시 용기에 넣어 밀봉하여 시원한 곳에 저장한다.
⑤ 6개월 뒤에 완전 개봉하여 여과지에 걸러서 보관하며 복용한다.

[효능]

방풍은 예부터 중풍(中風) 예방약으로 이용되었으며, 머리가 아프고 어지러운 데, 발한(發汗) · 해열(解熱) · 거풍(祛風) · 진통(鎭痛)제로도 이용되었다. 그래서 초기 감기나 골절통(骨節痛), 중풍 예방에 효과가 좋다.

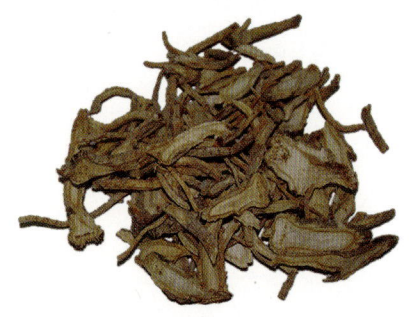

약재 방풍

[복용법]

1일 2회 20~30㎖씩 아침저녁으로 식후에 복용한다.

방풍

[총론]

- 이명 _ 산방풍, 회초, 간근, 백비, 병풍
- 한약명 _ 방풍(防風)

    방풍은 중풍(中風)을 막아 준다는 뜻에서 붙여진 이름으로, 그 성분이 따뜻하고 맛은 달고 매우며, 독이 없고 풍을 낫게 하며, 오장과 관맥을 통하게 한다. 발한(發汗) · 해열(解熱) · 진통제(鎭痛劑)로 감기 열을 내리고 땀을 나게 하며, 두통을 치료하는 필수 한약으로 쓰인다. 산후풍(産後風)이나 신경통, 요통, 관절염, 골절통(骨節痛)에 요약(要藥)이다. 방풍의 중풍 예방 효과를 자세히 살펴보면, 머리 부분은 상초풍사(上焦風邪 : 온몸의 절반 이상의 풍사)를 없애고, 뿌리 아랫부분은 하초풍사(下焦風邪 : 온몸의 절반 이하의 풍사)를 치료하며, 잎은 중풍으로 인한 열과 땀을 치료해 준다.

잣솔방울주(잣술)

노인성 해수 천식(咳嗽喘息)과 피부 미용, 고혈압, 신경통에 좋은 약술

[재료]

잣솔방울 500g / 설탕 200g / 소주 1,800㎖

[제조 방법]

① 7~8월경에 완전히 익지 않은 잣솔방울을 준비하여 흐르는 물에 씻어서 2~3일 정도 그늘에 말려 물기를 완전히 제거한다.

② 잣솔방울을 반으로 잘라 용기에 넣고 술을 부어 밀봉하여 시원한 곳에 저장한다.

③ 3개월 뒤에 개봉하여 솔방울과 찌꺼기를 완전히 걸러 낸 다음 설탕을 넣고 다시 밀봉하여 시원한 곳에 저장 숙성시킨다.

④ 처음 3~5일간은 1일 1회 정도 용기를 가볍게 흔들어 준다.

⑤ 6개월 이상 숙성한 뒤에 개봉하여 복용한다.

⑥ 암갈색을 띠며, 독특한 향이 나는 맛있는 약술이다.

[효능]

허로성(虛勞性) 체질, 노인성 천식, 고혈압, 퇴행성 관절염에 효과가 있다.

약재 잣

[복용법]

1일 2회 20~30㎖씩 아침저녁으로 식후에 복용한다.

잣술

잣으로 담글 때는 잣 300g을 살짝 볶아 껍질을 벗겨 용기에 넣고 설탕 100g과 소주 1,800㎖를 부어 밀봉하여 저장한다.

잣솔방울

- 이명 _ 잣(pine nut), 백자(柏子), 송자(松子), 실백(實柏)
- 한약명 _ 해송자(海松子 = 열매)

　잣은 성질이 평온하고 맛은 달며 독이 없다. 노화를 방지하고 피부를 윤택하게 하며, 심기를 보양하고 식은땀을 멎게 하며, 비위를 튼튼하게 하고 기력을 높인다. 풍습을 제거하고 요통을 치료하며, 오래 먹으면 눈과 귀가 총명해지고 변비에 이로우며, 잦은 소변을 멎게 한다. 즉 신경 쇠약과 노화 방지, 여성의 미용에 매우 좋다. 약용으로 쓸 때는 살짝 볶아서 이용하면 된다. 거풍(祛風) 작용이 있어서 사지(四肢)가 차고 마비되는 증상이나 관절염 등에 효과가 있고, 폐가 건조해서 일어나는 마른 기침에도 효과적이다. 노인성 변비에도 효과를 나타낸다. 잣술은 자양 강장, 피부 미용, 고혈압 예방에 효과가 있다.

116

아카시아꽃술

은근한 향취가 식욕을 돋우며, 감기 초기 증상과 습관성 부종에 좋은 약술

[재료]

아카시아 꽃 500g / 설탕 200g / 소주 1,800㎖

[제조 방법]

① 5월 중순경, 깨끗한 아카시아 꽃을 따서 준비한다. 꽃송이가 1/3 정도 피었을 때
　 최고의 향을 느낄 수 있다.

② 꽃을 용기에 담고 소주와 설탕을 붓는다. 이때 꽃잎이 위로 뜨지 않도록 눌러 준
　 다. 밀봉하여 시원한 곳에 저장한다.

③ 처음 3~5일간은 1일 1회 정도 용기를 가볍게 흔들어 준다.

④ 3개월 뒤에 재료를 건져 내고 3개월 정도 다시 숙성시킨다.

⑤ 6개월 뒤에 완전 개봉하여 여과지에 걸러서 보관하며 복용한다.

⑥ 은은한 적갈색을 띠며, 아카시아 향이 가득한 약술이다.

[효능]

만성 신장염으로 인해 몸이 붓는 증상에 오래 복용하면 좋은 효과를 볼 수 있으며,
감기 뒤에 오는 천식성 기관지염에도 좋다.

약재 아카시아꽃

[복용법]

1일 2회 20~30㎖씩 아침저녁으로 식후에 복용한
다.

※ 주의 : 지나치게 많이 복용할 경우 설사를 할 수 있다.

아카시아꽃

[**총론**]

    아카시아 꽃은 염증이 심한 여드름이나 임산부의 부종, 그리고 잘 낫지 않는 만성 중이염 등에 좋은 치료 효과를 나타낸다. 지혈(止血)·이뇨(利尿) 작용이 있어서 폐결핵으로 인한 각혈(咯血)과 자궁 출혈, 급성 신장염, 방광염 등에 효과가 있다. 만성 신장염으로 인한 얼굴과 손발 부종에도 효과적이다. 소량씩 약용주로 삼으면 은근한 향취가 식욕을 돋우면서 이뇨 효과를 볼 수 있고, 아침에 일어났을 때 얼굴과 손발이 붓는 여성 증상을 예방해 준다.

    아카시아 꽃즙은 모든 피부에 좋은 천연 스킨으로, 특히 염증성 여드름이나 화장독이 심할 때 사용하면 좋다. 따가운 봄 자외선에 노출되었거나 탔을 때 이용해도 효과적이다.

117

비수리술

야관문주, 夜關門酒

양기 부족, 조루(早淚), 유정(遺精), 발기 부전 등 남성 질환에 좋은 약술

[재료]

야관문(夜關門) 400g(생것) / 설탕 100g / 소주 1,800㎖

[제조 방법]

① 비수리는 9월 초순 열매가 익기 전에 깨끗한 것을 채취하여 흐르는 물에 살짝 씻어 하루 정도 그늘에 말려 물기를 제거한다.

② 적당한 용기에 준비한 비수리를 넣고 소주와 설탕을 부어 밀봉하여 시원한 곳에 저장한다.

④ 처음 3~5일간은 1일 1회 정도 용기를 가볍게 흔들어 준다.

⑤ 3개월 뒤에 개봉하여 약재를 건져 내고, 건져 낸 약재의 1/5 정도를 다시 용기에 넣어 밀봉하여 시원한 곳에 저장한다.

⑥ 6개월 뒤에 완전 개봉하여 여과지에 걸러서 보관하며 복용한다.

[효능]

여러 가지 남성 질병, 양기 부족, 조루, 유정, 발기 부전 등에 효과가 있다. 특히 신장 기능이 약한 노인들의 기력 부족에 효과가 좋다.

[복용법]

1일 2회 20~30㎖씩 아침저녁으로 식후에 복용한다.

약재 비수리

비수리

[총론]

- 이명 _ 야관문(夜關門), 삼엽초(三葉草), 야계초(野鷄草), 비수리
- 한약명 _ 야관문(夜關門)

비수리의 지상부 전초를 약용으로 이용한다.

여러 가지 남성 질환과 양기 부족, 조루·유정·발기 부전 등을 치료하는 데 효과가 있다. 부작용이 없는 천연 비아그라 효과가 있다고 알려져 있다. 야관문은 반드시 술로 우려내야만 그 효력이 나타난다. 간과 콩팥을 튼튼하게 하고 어혈을 없애 주며, 부은 것을 가라앉혀 준다. 몽정(夢精)·대하·설사·타박상·천식을 낫게 하고, 눈을 밝게 하며, 근육과 힘줄을 부드럽게 하며, 혈액 순환이 잘되게 한다.

기관지염이나 기관지 천식, 기침이 심하고 가래가 많이 나올 때, 간열로 눈이 침침하고 눈이 충혈된 증상에도 효과가 있다.

지치술

자초주, 紫草酒

여성 냉증, 대하, 생리 불순 등에 효과가 있으며, 타박상과 어혈, 요통 등에도 좋은 약술

[재료]

지치(紫草) 150g / 설탕 100g / 소주 1,800㎖

[제조 방법]

① 지치 뿌리를 깨끗이 씻어서 적당하게 썰어 용기에 넣고 소주와 설탕을 부어 밀봉
   하여 시원한 곳에 저장한다.

② 처음 3~5일간은 1일 1회 정도 용기를 가볍게 흔들어 준다.

③ 3개월 뒤에 개봉하여 약재를 건져 내고, 건져 낸 약재의 1/5 정도를 다시 용기에
   넣어 밀봉하여 시원한 곳에 저장한다.

④ 6개월 뒤에 완전 개봉하여 여과지에 걸러서 보관하며 복용한다.

⑤ 술을 담근 지 3~4일 정도 지나면 색이 빨갛게 변하는데, 오래 두면 검은색으로
   변한다. 오래 숙성할수록 좋다.

[효능]

동맥 경화·냉증·대하·생리 불순 등에 좋으며, 장복하면 얼굴빛이 좋아지고 노화
도 예방된다. 타박상·어혈·요통에도 좋다.

약재 지치

[복용법]

1일 2회 20~30㎖씩 아침저녁으로 식후에 복
용한다.

※ 주의 : 속이 자주 쓰리거나 위염이 있는 사람은
   복용을 금할 것.

지치

[총론]

- 이명 _ 자근(紫根), 주치, 지치
- 한약명 _ 자초(紫草)

지치 뿌리를 약용으로 이용한다.

지치는 열을 내리고 독을 풀어 주며, 염증을 없애고 새살을 돋아나게 하는 작용이 뛰어나다. 암과 변비, 간장병, 동맥경화, 여성의 냉증, 대하, 생리 불순 등에도 효과가 있다. 장복하면 얼굴빛이 좋아지고 노화 예방에 도움이 된다. 북한과 중국에서는 암과 백혈병 치료에 많이 이용된다. 해독 효과도 뛰어나므로 약물이나 항생제, 중금속, 농약, 알코올 중독 환자가 복용하면 좋다. 강심 작용(强心作用)이 탁월하므로 심장병 환자나 잘 놀라는 사람에게 좋으며, 악성 빈혈이 있는 사람도 지치를 말려 가루 내어 6개월 정도 먹으면 효과를 볼 수 있다.

※ 소주에 담가 축출주로 이용하고, 막걸리 담듯이 누룩을 넣어 발효주로도 이용된다.

부추술

구자주, 韭子酒

자양 강장, 유정(遺精), 신허 요통 등에 좋은 약술

[재료]

부추 전초 500g / 설탕 100g / 소주 1,800㎖

[제조 방법]

① 부추는 꽃이 지고 열매가 맺힐 때 뿌리까지 전초를 채취하여 이용한다. 잎과 뿌리, 열매를 잘 씻어 물기를 완전히 제거한 뒤 용기에 넣고 소주와 설탕을 부어 밀봉하여 시원한 곳에 저장한다.

② 처음 3~5일간은 1일 1회 정도 용기를 가볍게 흔들어 준다.

③ 3개월 뒤에 약재를 건져 내고, 건져 낸 약재의 1/5 정도를 다시 용기에 넣어 밀봉하여 시원한 곳에 저장한다.

④ 6개월 뒤에 완전 개봉하여 여과지에 걸러서 보관하며 복용한다.

[효능]

자양 강장(慈養强壯)에 좋고, 비(鼻) 출혈 · 천식 · 이질 · 신허 요통 · 심장병 · 이뇨 · 유정(遺精) 등에 효과가 있다.

약재 부추

[복용법]

1일 2회 20~30㎖씩 아침저녁으로 식후에 복용한다.

부추

[총론]

- 이명 _ 구채자(韮菜子), 구채인(韮菜仁), 부추 씨, 정구지, 솔
- 한약명 _ 구자(韮子), 가구자(家韮子)

부추 종자를 약용한다.

부추 씨(구자)는 자양 강장(慈養强壯) 약으로 분류되어 있는 한약재로, 특히 혈액 순환을 촉진한다. 몸을 따뜻하게 하는 효과가 높아 몸이 냉한 체질에 효과가 좋다. 부추는 나쁜 피를 배출하는 작용이 있어서 생리 양을 조절하고 생리통을 없애 주며, 빈혈을 치료하는 효과도 있다. 음식물을 먹고 체했거나 설사를 할 때 부추를 된장국에 넣어 끓여 먹으면 효과가 있으며, 구토가 날 때 부추 즙을 만들어 생강 즙을 약간 타서 마시면 잘 멎는다. 산후통에도 감초와 함께 달여 먹으면 효험이 큰 것으로 알려져 있다.

참깨술

호마주, 胡麻酒, 거승주, 苣藤酒

기 억 력 을 좋 게 하 고 , 치 매 예 방 에 좋 은 약 술

[재료]

검은 참깨(苣藤) 200g / 소주 1,800㎖

[제조 방법]

① 검은 참깨를 깨끗이 씻어 물기를 없앤 뒤 프라이팬에 담고 타지 않게 주걱으로 저
  으며 강한 불로 볶는다. 참깨가 톡톡 튀면서 고소한 향이 나면 불을 줄여 5분 정
  도 더 볶는다.
② 참깨를 식혀 내열 병에 넣고 소주를 붓는다.
③ 참깨가 든 병을 큰 냄비에 넣고 병이 반쯤 잠길 정도의 물을 부어 끓인다. 이때 병
  속의 소주가 끓게 되면 검은 참깨에 들어 있는 성분이 충분히 추출되지 않고 보존
  력도 약해지므로 병 속의 소주가 끓지 않도록 주의해야 한다.
④ 병을 냄비에 넣은 상태에서 1~2시간 정도 그대로 식힌다. 냄비의 물이 식으면 병
  을 꺼내 뚜껑을 닫아 하룻밤 재워서 시원하고 그늘진 곳에 보관하며 복용한다.

[효능]

귀울음을 막아 주며, 하루에 한 잔씩 마시면 피로 회복 및 어지럼증에 도움이 된다.
뇌 기능 저하 및 치매를 예방한다.

약재 참깨

[복용법]

거승주 30㎖에 물 50㎖ 정도를 타서 1일 2회 복용한다.
꿀을 첨가해도 좋다.

※ 주의 : 설사가 있는 사람은 복용을 금하며, 과음하지 말 것.

참깨

• 이명 _ 호마(胡麻), 흑지마(黑脂麻), 오마(烏麻), 참깨
• 한약명 _ 호마인(胡麻仁)

　검은깨는 오장을 보하고 기력을 도우며, 안색을 좋게 하고 머리카락을 검게
한다. 살을 찌게 하고 뇌수(腦髓)를 충실하게 하는 효과도 있다. 오랫동안 먹으
면 몸이 가벼워지고 늙지 않는다. 폐를 보(補)하고 심장과 신장을 튼튼하게 하
며, 위장을 돕는 기능도 있다. 날로 먹으면 풍증(風症)을 예방해 주고, 꿀과 함
께 쪄 먹으면 백허(百虛)를 보하며, 볶아서 먹으면 풍병(風病)에 잘 걸리지 않는
다. 그리고 모든 종기를 고쳐 준다.

　검은깨는 주로 약으로 쓰고, 흰깨는 기름을 짜거나 식용한다.

매실주

梅實酒

건위(健胃), 정장(整腸), 소화 불량 및 피로 회복에 좋은 약술

[재료]

매실(梅實) 1kg / 설탕 500g / 소주 1,800㎖

[제조 방법]

① 잘 익은 매실을 깨끗이 씻어 꼭지를 따고 물기를 완전히 제거하여 용기에 넣고 소
　주와 설탕을 부어 밀봉하여 시원한 곳에 저장한다.
② 처음 3~5일간은 1일 1회 정도 용기를 가볍게 흔들어 준다.
③ 3개월 뒤에 개봉하여 여과지에 걸러서 다시 한번 숙성시킨다.
④ 6개월 이상 숙성하여 복용한다.

[효능]

폐(肺)와 비(脾)의 기능을 강화하고 식욕을 돋우어 준다. 여름철 갈증 해소와 설사,
원인 불명의 복통에 효과가 있으며, 소화 불량과 피로 회복에도 좋다.

[복용법]

수시로 복용할 수 있으나 30㎖ 이상은 복용하
지 않는 것이 좋다. 향을 살리기 위하여 단독
으로 마시는 것이 좋다.

약재 매실

매실

[총론]

　매실은 매화나무 열매로, 특히 매실주는 대표적인 과실주다. 예부터 장수하는 사람들의 보조 식품이었다. 알칼리성 식품으로, 매실에 들어 있는 구연산(枸酸)은 강한 살균력과 해독 효과가 있다. 그래서 식중독이 발생하기 쉬운 여름철에 먹으면 위 속의 산성이 강해져 소독 효과가 있다.

　매실에는 구연산·사과산 등이 들어 있으며, 건위(健胃)·정장(整腸) 효과가 있고, 소화 불량과 피로 회복에 효과적이다. 번열(煩熱)을 내려 주고 마음을 편안하게 하며, 사지 통증을 멈추게 한다. 내장의 열을 다스리고 갈증을 조절하며, 토사곽란과 설사를 멈추게 하고 냉을 없애 준다. 10년 이상된 매실주는 만병통치약이라 해도 될 정도다. 매실을 통째로 절구에 찧어 술을 담기도 하는데, 약효 면에서는 차이가 없다.

노박덩굴술

남사등주, 南蛇藤酒

신 경 통 과 관 절 염 의 치 료 와 완 화 에 좋 은 약 술

[재료]

남사등(南蛇藤) 열매 200g / 가지 100g / 설탕 100g / 소주 1,800㎖

[제조 방법]

① 늦가을, 잎이 떨어진 뒤에 남사등을 가지채 꺾어서 이용한다.

② 준비한 약재를 용기에 넣고 소주와 설탕을 부어 밀봉하여 시원한 곳에 저장한다.

③ 처음 3~5일간은 1일 1회 정도 용기를 가볍게 흔들어 준다.

④ 3개월 뒤에 개봉하여 약재를 건져 내고, 건져 낸 약재의 1/5 정도를 다시 용기에 넣어 밀봉하여 시원한 곳에 저장한다.

⑤ 6개월 이상 지난 뒤에 여과지에 걸러서 보관하며 복용한다.

⑥ 밝은 황갈색을 띠며, 쌉쌀한 맛의 약술이다.

[효능]

주로 신경통과 관절염에 이용된다. 류머티즘성 관절염, 퇴행성 관절염, 근육통 등 근골(筋骨)의 통증을 완화하고 치료하는 효과가 있다.

약재 노박덩굴

[복용법]

1일 2회 20~30㎖씩 아침저녁으로 식후에 복용한다.

노박덩굴나무

[총론]

- 이명 _ 노박따위나무, 노랑꽃나무
- 한약명 _ 남사등(南蛇藤)

　노박덩굴의 잎과 줄기, 열매, 뿌리를 약용한다.

　노박덩굴 열매는 맛이 맵고 성질은 따뜻하며 독이 없다. 생리통, 류머티즘성 관절염, 퇴행성 관절염, 머리가 어지럽고 아플 때, 근육과 뼈의 통증, 팔다리가 마비되는 증상, 허리와 다리 통증, 양기 부족, 이질, 화농성 피부병 등에 효과가 있다. 또한 노박덩굴 뿌리는 열매와 마찬가지로 류머티즘성 관절염, 근육과 뼈의 통증, 타박상, 구토와 복통 등에 효과적이다. 마음을 안정시키는 효과도 탁월하여 신경 쇠약이나 불면증에도 이용되고, 원인을 알 수 없는 종기나 다발성 종양에도 쓰인다. 남사등 잎은 독사교상(毒蛇咬傷 : 독사에게 물려서 상처를 입음)의 치료제로 쓰인다.

대황주

大黃酒

만성 변비를 해소해 주고, 모든 위장병과 어패류·육류 해독에 좋은 약술

[재료]

대황(大黃) 뿌리(말린 것) 150g / 설탕 100g / 소주 1,800㎖

[제조 방법]

① 말린 대황 뿌리를 깨끗이 씻어서 잘게 썰어 막걸리에 버무려 한 번 쪄서 1주일 정
   도 그늘에 완전히 말려서 이용한다.
② 재료를 용기에 넣고 소주와 설탕을 부어 밀봉하여 시원한 곳에 저장한다.
③ 처음 3~5일간은 1일 1회 정도 용기를 가볍게 흔들어 준다.
④ 3개월 뒤에 개봉하여 약재를 건져 내고, 건져 낸 약재의 1/5 정도를 다시 용기에
   넣어 밀봉하여 시원한 곳에 저장한다.
⑤ 6개월 뒤에 완전 개봉하여 여과지에 걸러서 보관하며 복용한다.

[효능]

소화 불량, 만성 변비, 노인성 변비, 건위 등에 효과가 있으며, 모든 위장병과 체증
(滯症), 어패류 및 육류 중독을 해독하고 예방한다.

약재 대황

[복용법]

1일 2회 20~30㎖씩 아침저녁으로 식후에 복
용한다.

대황

- 이명 _ 황량(黃良), 대황, 장군풀
- 한약명 _ 대황(大黃)

대황 뿌리를 막걸리에 버무려 살짝 쪄서 말려서 약용한다.

대황은 위와 대장을 세척하고 대사를 촉진하는 효과가 있다. 열성 변비(熱性便泌)와 복부 팽만(腹部膨滿)으로 배가 단단해진 증상에는 생용(生用)으로 이용한다. 이질 초기의 설사, 열, 두통, 눈의 충혈, 인후통, 구내염, 코피, 토혈, 각혈, 맹장염에 빠른 효과를 나타낸다. 또한 혈액 순환을 개선하고 어혈을 제거하여 여성의 월경 폐색이나 오한 발열, 산후 어혈, 타박상 등에도 활용된다. 주증(酒蒸), 즉 술에 찐 것을 소량 섭취하면 건위 작용(健胃作用)을 하고, 다량 섭취하거나 생용(生用)으로 이용하면 완하제(緩下劑) 역할을 하여 상습 변비에 좋다. 민간에서는 화상이나 타박상에 외용(外用)으로 자주 이용된다.

복방주

복방주는 여러 가지 약재를 혼합하거나 기존의 한방 처방을 이용하여 약술로

제조한 것으로, 효과가 천천히 나타나며 만성 질환에 적당하다. 복합적인 병인

(病因)으로 생긴 질환이나 장기 복용함으로써 서서히 효능이 나타나는 허약 체

질, 노화, 정력 감퇴, 병후 회복 등에 효과가 있다.

독계주

禿鷄酒

[재료]

사상자(蛇床子) 40g / 육종용(肉蓗蓉) 40g / 토사자(兔絲子) 40g, / 음양곽(淫羊藿) 20g /
오미자(五味子) 40g / 원지(遠志) 20g / 설탕 100g / 소주 1,800㎖

[제조 방법]

① 토사자는 법제(法製)한 것을 이용하고, 원지는 거심(去心 : 속에 있는 심지를 제거)한
   것을 이용한다. 약재들을 깨끗이 다듬어 용기에 넣고 소주와 설탕을 부어 밀봉하
   여 시원한 곳에 저장한다.
② 처음 3~5일간은 1일 1회 정도 용기를 가볍게 흔들어 준다.
③ 3개월 뒤에 개봉하여 약재를 건져 내고, 건져 낸 약재의 1/5 정도를 다시 용기에
   넣어 밀봉하여 시원한 곳에 저장한다.
④ 6개월 뒤에 완전 개봉하여 여과지에 걸러서 보관하며 복용한다.
⑤ 흑갈색을 띠며, 독특한 향이 나는 부드러운 약술이다.

[효능]

독계산(禿鷄散)은 남성의 정력 쇠퇴, 신경을 많이 쓰는 남성들의 발기력 감퇴, 노약
자의 양기 부족에 효과가 있다. 피로를 풀어 주며 조루(早漏)에 효과적이고, 부부 관
계 후 피로감을 풀어 주는 효과가 있다.

[복용법]

1일 2회 20~30㎖씩 아침저녁으로 식후에 복용한다.

독계주의 약재들

[총론]

　　육종용은 강장 강정(强獎强精)이 목적인 처방에 쓰이는 대표적인 보정제(補精劑)로, 발기 부전과 허리·다리 냉통 등에 효과가 있다. 음양곽의 최음(催淫) 작용은 정액 분비를 왕성하게 하여 정낭의 충만(充滿)으로 인한 지각 신경계의 자극에 의해 간접적으로 흥분이 일어나는 것이다. 토사자는 근육과 뼈를 강하게 해 주어 허리와 무릎 통증을 치료하고 정을 굳게 한다. 사상자는 몸속의 차가운 기운을 몰아내고 양기를 북돋아 주며, 신장을 따뜻하게 한다. 오미자는 몸이 허약하거나 무력증, 육체적·정신적 피로가 왔을 때 활력을 되찾아 준다. 원지는 보신제(補神劑)로, 정신을 맑게 하고 신경을 안정시킨다. 이러한 작용이 어우러져 허리와 배, 하반신이 쇠약해지는 것을 막아 주고 성 기능을 촉진하며, 발기력을 높이고 온몸을 튼튼하게 하며, 정력을 왕성하게 해 준다.

불로주

不老酒

피 로 회 복 과 노 화 예 방 에 좋 은 약 술

[재료]

하수오(何首烏) 60g / 건지황(乾地黃) 30g / 인삼(人蔘) 30g / 맥문동(麥門冬) 30g / 백복
령(白茯苓) 30g / 설탕 100g / 소주 1,800㎖

[제조 방법]

① 맥문동은 거심(去心)하여 이용한다. 약재들을 깨끗이 손질하여 용기에 넣고 소주
　와 설탕을 부어 밀봉하여 시원한 곳에 저장한다.
② 처음 3~5일간은 1일 1회 정도 용기를 가볍게 흔들어 준다.
③ 3개월 뒤에 개봉하여 약재를 건져 내고, 건져 낸 약재의 1/5 정도를 다시 용기에
　넣어 밀봉하여 시원한 곳에 저장한다.
④ 6개월 뒤에 완전 개봉하여 여과지에 걸러서 보관하며 복용한다.
⑤ 오래 숙성시킬수록 맛과 향이 좋다.

[효능]

기혈(氣血)을 보강하고 허약 체질을 개선하며, 피로 회복, 강장, 강정, 노화 방지, 치
매 예방에 효과적이다.

[복용법]

1일 2회 20~30㎖씩 아침저녁으로 식후에 복용한다.

불로주의 약재들

[총론]

    중년 이후의 체력 저하, 정력 감퇴, 만성 피로, 식욕 부진, 기력 쇠퇴 등의 증상이 있는 사람이 복용하면 강장 회춘(强壯回春) 효과를 볼 수 있다. 인삼은 오장(五臟)의 기능을 강화하고 기혈(氣血) 흐름의 균형을 잡아 주며, 하수오는 정력과 기를 보강하고 자양 강장 효능이 있어 노화를 억제하고 백발을 막아 준다. 건지황은 신장과 간장 기능을 돕고 피를 맑게 하며, 맥문동은 진액(津液)을 보강하여 몸을 자양 강장(滋養强壯) 체질로 이끌어 주고, 복령은 보익(補益)과 신경을 안정시켜 주며 이수(利水) 효과가 있다. 이러한 약재들이 종합적으로 노화를 막고 체력을 증강시켜 연령익수(延年益壽 : 해를 연장하여 오래 삶)의 효능을 발휘하여 불로주(不老酒)라는 명성을 얻었다.

선령비주

仙靈脾酒

위 장 기 능 을 강 화 하 고 , 정 력 부 족 에 좋 은 약 술

[재료]

음양곽(淫羊藿) 60g / 육종용(肉蓯蓉) 30g / 백복령(白茯苓) 30g / 백출(白朮) 30g / 감초 (甘草) 20g / 설탕 100g / 소주 1,800㎖

[제조 방법]

① 준비된 약재들을 깨끗이 다듬어 용기에 넣고 소주와 설탕을 부어 밀봉하여 시원 한 곳에 저장한다.

② 처음 3~5일간은 1일 1회 정도 용기를 가볍게 흔들어 준다.

③ 3개월 뒤에 개봉하여 약재를 건져 내고, 건져 낸 약재의 1/5 정도를 다시 용기에 넣어 밀봉하여 시원한 곳에 저장한다.

④ 6개월 뒤에 완전 개봉하여 여과지에 걸러서 보관하며 복용한다.

[효능]

피로를 풀어 주고 위장 기능 저하에 효과가 있으며, 남성들의 양기 부족과 발기 부 전, 유정(遺精), 조루(早漏), 건망증, 남성 불임(不姙) 등에 효과가 있다. 성 기능 감퇴, 하반신 무력, 신경 쇠약 증상에도 효과를 보인다.

[복용법]

1일 2회 20~30㎖씩 아침저녁으로 식후에 복용한다. 쓴맛이 강하므로 꿀을 약간 첨 가하여 마셔도 좋다.

선령비주의 약재들

[총론]

　선령비주의 주된 약재는 음양곽이고, 다른 약재는 보조적으로 이용된다. 음양곽은 일명 선령비(仙靈脾)라고도 하며, 삼지구엽초의 지상부 전초를 말린 것이다. 신허(腎虛)로 인한 정력 감퇴나 발기 부전에 정력 보강을 위한 남성 정력제로 이용되고, 노인성 치매와 하반신 무력, 피로 권태에도 큰 효과가 있다. 음양곽의 최음(催淫) 작용은 정액 분비를 왕성하게 하여 정낭의 충만(充滿)으로 인한 지각 신경계의 자극에 의해 간접적으로 흥분이 일어나는 것이다. 육종용은 생식 기능과 관련된 모든 감퇴된 기능을 회복시켜 주는 효과가 있는데, 특히 남성의 발기 부전이나 조루, 여성의 불임증이나 부정기적 자궁 출혈, 백대하(白帶下) 등에 효과적이다. 백출의 보비위(補脾胃) 효과와 복령의 보익 이신(補益利腎) 효과가 어우러져 상승 효과를 낸다.

회춘주

回春酒

[재료]

육종용(肉蓯蓉) 40g / 구기자(枸杞子) 30g / 인삼(人蔘) 30g / 파극(巴戟) 30g / 두충(杜沖) 30g / 파고지(破古紙) 30g / 설탕 100g / 소주 1,800㎖

[제조 방법]

① 준비된 약재들을 깨끗이 손질하여 잘 말려서 용기에 담고 소주와 설탕을 부어 밀봉하여 시원한 곳에 저장한다. 두충은 반드시 초(炒 : 볶는 것)를 한 뒤에 이용한다.

② 처음 3~5일간은 1일 1회 정도 용기를 가볍게 흔들어 준다.

③ 3개월 뒤에 개봉하여 약재를 건져 내고, 건져 낸 약재의 1/5 정도를 다시 용기에 넣어 밀봉하여 시원한 곳에 저장한다.

④ 6개월 뒤에 완전 개봉하여 여과지에 걸러서 보관하며 복용한다.

⑤ 독특한 향과 부드러운 맛을 지닌 약술이다.

[효능]

정력 부족이나 신허 요통에 효과가 있으며, 과로나 방사 과다로 인한 허리 부위의 은은통(隱隱痛 : 뻐근하게 아픔)과 발기 부전, 조루(早漏)에 효과적이다. 정력 보강제로 알려진 약술이다.

[복용법]

1일 2회 20~30㎖씩 아침저녁으로 식후에 복용한다.

회춘주의 약재들

[총론]

　중국 수(隋)・당(唐)・원(元) 나라에 걸쳐 매우 유행했던 강정 약술이다. 특히 발기 부전 전용 약술로 쓰여 왔다. 약효가 좋아 오랫동안 복용하면 발기 부전이 치료된다고 한다. 노인과 허약자의 발기 부전에도 자주 이용된다. 파극천은 음양곽과 같은 작용을 하여 신양허(腎陽虛)로 인한 발기 부전과 요통에 효과가 좋다. 육종용은 강장 강정(强奬强精)을 목적으로 하는 처방에 쓰이는 대표적인 보정제(補精劑)이다. 발기 부전, 허리와 다리의 냉통에 효과적이고, 성 기능을 충실하게 하는 비약(秘藥)으로 손꼽힌다. 두충과 파고지는 허리 통증을 치료하고 예방하며, 인삼과 구기자는 정액 생성에 도움이 된다. 오랫동안 복용해도 부작용이 없으며, 장년과 노년층의 대표적인 강장 약술이다.

오자주

五子酒

남 성 의 정 력 보 강 에 널 리 쓰 이 는 약 술

[재료]

오미자(五味子) 30g / 구기자(枸杞子) 30g / 복분자(覆盆子) 30g / 토사자(兎絲子) 30g /
사상자(蛇床子) 30g / 원지(遠志) 20g / 감초(甘草) 20g / 설탕 100g / 소주 1,800㎖

※ 사상자 대신 차전자를 쓰는 경우도 있다.

[제조 방법]

① 토사자는 법제(法製)하여 이용한다. 준비된 약재들을 깨끗이 씻어 말려 용기에 넣
　고 소주와 설탕을 부어 밀봉하여 시원한 곳에 저장한다.

② 처음 3~5일간은 1일 1회 정도 용기를 가볍게 흔들어 준다.

③ 3개월 뒤에 개봉하여 약재를 건져 내고, 건져 낸 약재의 1/5 정도를 다시 용기에
　넣어 밀봉하여 시원한 곳에 저장한다.

④ 6개월 뒤에 완전 개봉하여 여과지에 걸러서 보관하며 복용한다.

[효능]

정력 부족과 조루증에 효과가 있으며, 남성 불임에 유익하다. 남성의 정력 보강에 널
리 쓰이는 약술이다.

[복용법]

1일 1회 취침 1시간 전에 20~30㎖ 정도 복용한다.

오자주의 약재들

[총론]

　　토사자는 근육과 뼈를 강하게 하여 허리와 무릎 통증을 치료하며, 남성의 정력(精力)을 강하게 한다. 복분자는 남성의 신장을 튼튼하게 하여 발기 부전을 치료하고, 여자가 먹으면 아들을 낳는다고 한다. 사상자는 몸속의 차가운 기운을 몰아내고 양기를 북돋아 신장을 따뜻하게 한다. 구기자는 근육과 뼈의 발달을 튼튼하게 하고 정력을 증강시켜 주며, 오미자는 몸이 허약하거나 무력증(無力症)인 사람, 육체적·정신적 피로에 시달리는 사람에게 활력을 되찾아 준다. 오자는 한방에서 널리 쓰이는 보음 강장제이다.

　　오자주는 예부터 자식을 얻기 위해 애용해 온 약주로, 남녀 공용으로 복용하면 좋다.

주공백세주

周公百歲酒

향과 맛이 뛰어난 최고의 보양 약술

[재료]

황기(黃芪) 10g / 건지황(乾地黃) 10g / 숙지황(熟地黃) 10g / 귀판(龜板) 10g / 백출(白朮) 8g / 당귀(當歸) 8g / 복령(茯苓) 8g / 구기자(枸杞子) 8g / 산약(山藥) 8g / 오미자(五味子) 8g / 천궁(川芎) 8g / 백작약(白芍藥) 8g / 맥문동(麥門冬) 8g / 방풍(防風) 8g / 강활(羌活) 8g / 육계(肉桂) 5g / 진피(陳皮) 5g / 인삼(人蔘) 5g / 감초(甘草) 5g / 설탕 100g / 소주 1,800㎖

[제조 방법]

① 준비된 약재를 깨끗이 손질하여 용기에 넣고 설탕과 소주를 부어 밀봉하여 시원한 곳에 저장한다.

② 처음 3~5일간은 1일 1회 정도 용기를 가볍게 흔들어 준다.

③ 3개월 뒤에 개봉하여 약재를 건져 내고, 건져 낸 약재의 1/5 정도를 다시 용기에 넣어 밀봉하여 시원한 곳에 저장한다.

④ 6개월 뒤에 완전 개봉하여 여과지에 걸러서 보관하며 복용한다.

⑤ 연한 흑갈색을 띠며, 독특한 향이 나는 약술이다.

[효능]

허약 체질, 노화 예방, 피로 권태, 자양 강장(滋養强壯)에 좋다. 위 무력증에 효과가 있고, 식욕이 없을 때 입맛을 살려 준다.

[복용법]

1일 2회 20~30㎖씩 아침저녁으로 식후에 복용한다.

주공백세주의 약재들

[총론]

　주공백세주는 중국에서 전해 내려오는 가장 오래되고 유명한 약술 가운데 하나다. 지금으로부터 약 2,500년 전 중국 주 왕조(周王朝)의 건설기(建設期) 때 활약한 주 나라 무 왕의 동생인 주공단(周公旦)이 스스로 만들어 애용했다는 이야기가 전해진다. 주공은 오랫동안 성군 정치를 하였으며, 예를 가장 중시하였고, 이 약술을 즐겨 마시고 장수했다고 한다. 연년장수(延年長壽), 신선강장(神仙强壯)의 명주(名酒)라 할 만하다. 보기(補氣)·보혈(補血)·보신(補腎)의 요소가 효과적으로 배합된 최고의 보양약이라는 평가를 받고 있으며, 역대 왕후들과 대부분의 귀족들이 이 약술을 애용했다고 한다. 맛과 향 또한 뛰어나다.

삼귀룡주
蔘歸茸酒

빈 혈 , 허 약 체 질 개 선 , 피 로 회 복 에 좋 은 약 술

[재료]

수삼(水蔘) 200g / 당귀(當歸) 75g / 녹용(鹿茸) 30g / 꿀 50g / 소주 1,800㎖

[제조 방법]

① 수삼을 깨끗이 씻어서 하루 정도 그늘에 말린다.

② 준비한 수삼과 당귀, 녹용을 함께 용기에 넣고 소주와 꿀을 부어 밀봉하여 시원한
   곳에 저장한다.

③ 처음 3~5일간은 1일 1회 정도 용기를 가볍게 흔들어 준다.

④ 6개월 정도 숙성한 뒤에 개봉하여 여과지에 걸러서 보관하며 복용한다.

[효능]

인삼의 보기(補氣) 작용과 녹용·당귀의 보혈(補血) 작용이 상승 효과를 발휘하여 기
혈구허(氣血俱虛 : 기와 혈이 모두 허함) 및 피로 회복을 도와주고, 신경성 두통과 불면
증에도 효과가 있다.

[복용법]

1일 2회 20~30㎖씩 아침저녁으로 식후에 복용한다.

※ 주의 : 고혈압 환자는 복용에 주의해야 한다.

삼귀룡주의 약재들

　　삼귀룡탕은 인삼, 당귀, 녹용에서 한 자씩 따 와서 붙인 이름이다. 녹용은 홀륭한 전신 강장제(强壯劑)로, 인삼은 생체의 비특이성 면역력과 각종 스트레스에 대한 적응력을 증강시키는 약재로, 당귀는 홀륭한 보혈제(補血劑)로서의 역할을 담당한다. 인삼과 녹용으로 기혈(氣血)을 보강하고, 녹용과 당귀로 영양을 빨리 회복하게 하려는 것이다.

　　삼귀룡탕은 원기 회복을 위한 최고의 탕제로, 이 처방의 효능을 이용한 약술이 바로 삼귀룡주이다. 가장 귀한 술로 여겨져 왔으며, 궁중에서 유행했다고 전해진다.

황정지황주

黃精地黃酒

모든 병에 대한 면역력을 길러 주고, 노화 방지에 좋은 장수 약술

[재료]

황정(黃精) 50g / 구기자(枸杞子) 20g / 숙지황(熟地黃) 20g / 토사자(兎絲子) 20g / 하수오(何首烏) 20g / 창출(蒼朮) 20g / 맥문동(麥門冬) 20g / 용안육(龍眼肉) 20g / 설탕 100g / 소주 1,800㎖

[제조 방법]

① 황정은 살짝 볶고, 토사자는 막걸리에 적셔서 쪄서 말리고, 맥문동은 거심(去心)하여 이용한다.
② 준비된 약재들을 깨끗이 손질하여 완전히 말려 용기에 넣고 소주와 설탕을 부어 밀봉하여 시원한 곳에 저장한다.
③ 처음 3~5일간은 1일 1회 정도 용기를 가볍게 흔들어 준다.
④ 3개월 뒤에 개봉하여 약재를 건져 내고, 건져 낸 약재의 1/5 정도를 다시 넣어 밀봉하여 시원한 곳에 저장한다.
⑤ 6개월 뒤에 완전 개봉하여 여과지에 걸러서 보관하며 복용한다.

[효능]

노화 방지, 진액(津液) 보강, 백발 예방 및 당뇨병에 효과가 있으며, 모든 병에 대한 면역력을 길러 주며, 예부터 장수주(長壽酒)로 애용되어 왔다.

[복용법]

1일 2회 20~30㎖씩 아침저녁으로 식후에 복용한다.

황정지황주의 약재들

[총론]

　황정을 이용한 술은 여러 가지가 있다. 그만큼 황정은 약술을 담기에 좋은 재료다. 『동의보감(東醫寶鑑)』에 의하면 '황정은 태양의 정(精)을 받은 약재로써 허로(虛勞)와 쇠약한 신체를 보(補)하고 근육과 뼈를 튼튼하게 하며, 정신을 맑게 하고 간(肝)과 신(腎)을 보하며, 정력을 도와 심기(心氣)를 편하게 해 주는 약으로, 먹으면 몸이 가벼워지고 기운이 나며 장수한다' 고 했다. 황정지황주는 그중에서도 남녀 공용으로 쓰기에 좋은 황정을 군약으로 보기·보혈 약재와 안신 약재를 적절히 배합한 것으로, 노화 방지, 진액(津液) 보강, 백발 예방 및 당뇨에 효과가 있으며, 모든 병에 대한 면역력을 길러 주어 예부터 장수주(長壽酒)로 애용되어 왔다.

가미오가피주

加味五茄皮酒

신 경 통 이 나   요 통 ,   타 박 상   등   관 절 통 에   좋 은   약 술

[재료]

오가피(五茄皮) 60g / 당귀(當歸) 30g / 우슬(牛膝) 30g / 계지(桂枝) 30g / 두충(杜沖) 30g / 파고지(破古紙) 30g / 설탕 100g / 소주 1,800㎖

[제조 방법]

① 두충은 초(炒)를 해서 이용한다. 준비된 약재를 깨끗이 손질하여 용기에 담고 소주와 설탕을 부어 밀봉하여 시원한 곳에 저장한다.

② 처음 3~5일간은 1일 1회 정도 용기를 가볍게 흔들어 준다.

③ 3개월 뒤에 개봉하여 약재를 건져 내고, 건져 낸 약재의 1/5 정도를 다시 용기에 넣어 밀봉하여 시원한 곳에 저장한다.

④ 6개월 뒤에 완전 개봉하여 여과지에 걸러서 보관하며 복용한다.

[효능]

보중근골(補中筋骨 : 위를 보하고 뼈를 튼튼하게 함) 및 거풍 제습(祛風除濕) 효과가 있어 신경통이나 산후 요통, 관절통, 근육 마비, 오래된 타박상 등 전신의 관절통에 효과가 있다.

[복용법]

1일 2회 20~30㎖씩 아침저녁으로 식후에 복용한다.

※ 주의 : 위 기능에 문제가 있는 사람은 복용을 금한다.

가미오가피주의 약재들

[총론]

　　오가피는 특히 하반신에 작용하여 혈액 순환을 돕고 근육을 강화해 주어 정력을 증강시켜 주고, 허리와 다리의 나른함과 통증, 다리에 힘을 줄 수 없는 증상 등에 효과적이다. 우슬은 무릎 관절 및 하초(下焦)의 기능을 강화하여 관절통을 치료하고, 두충은 허리 힘을 도와주며 요통을 치료한다. 파고지는 허리와 관절 통증을 완화하고 하초의 기력(氣力)을 튼튼하게 하며, 계지는 몸을 따뜻하게 하고 약의 효능을 사지로 이끌어 준다. 여기에 당귀의 보혈(補血)·생혈(生血)·안신(安身) 효과를 더한 것이 가미오가피주다. 하초 기능을 보강하고 정력을 증진시켜 오래된 요통이나 관절염, 하초 무력증을 치료하는 데 효과가 좋다.

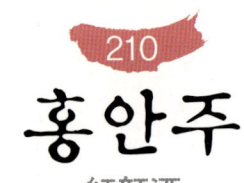

홍안주

紅顔酒

여 성 의 피 부 미 용 에 좋 고 , 신 경 을 안 정 시 켜 주 는 여 성 약 술

[재료]

호두육[胡桃肉] 100g / 대추(大棗) 30개 / 행인(杏仁, 살구씨) 40g / 설탕 100g / 소주 1,800㎖

[제조 방법]

① 준비된 재료들을 깨끗이 손질하여 용기에 담고 소주와 설탕을 부어 밀봉하여 시원한 곳에 저장한다.

② 처음 3~5일간은 1일 1회 정도 용기를 가볍게 흔들어 준다.

③ 3개월 뒤에 개봉하여 약재를 건져 내고, 건져 낸 약재의 1/5 정도를 다시 용기에 넣어 밀봉하여 시원한 곳에 저장한다.

④ 6개월 뒤에 완전 개봉하여 여과지에 걸러서 보관하며 복용한다.

[효능]

얼굴과 피부를 윤택하게 하고 머리카락을 검게 하며, 피로하고 거친 피부에 효과가 있다. 얼굴에 난 여드름이나 잡티를 없애는 데도 좋다.

[복용법]

1일 2회 20~30㎖씩 아침저녁으로 식후에 복용한다.

홍안주의 약재들

[총론]

　호두는 피부를 윤택하게 하고 강장(强壯) 효과가 뛰어나며, 신기(腎氣)를 보(補)하고 머리를 검게 하며, 폐 기능을 원활하게 하고 요통이나 관절통, 해수(咳嗽), 천식(喘息), 노인 변비 등에 효과가 있다.

　행인은 여성의 미용에 으뜸으로 쓰이며, 기관지나 폐병, 백일해, 감기, 기침에 매우 좋다. 각종 종기나 부스럼, 부종(浮腫) 등에도 이용한다. 특히 대추는 모든 약재와 조화를 잘 이루기 때문에 오랫동안 복용하면 몸이 가벼워지고 장수할 수 있다. 이러한 약재로 구성된 홍안주는 약술 제조 회사에서 내놓은 적이 있을 만큼 여성들의 미용주로 알려져 있다.

오군자주
五君子酒

중 년 이 후 남 성 들 의 피 로 회 복 및 건 강 증 진 에 좋 은 약 술

[재료]

인삼(人蔘) 30g / 황기(黃芪) 40g / 백출(白朮) 40g / 백복령(白茯苓) 40g / 감초(甘草) 20g / 설탕 100g / 소주 1,800㎖

[제조 방법]

① 준비된 약재들을 깨끗이 손질하여 용기에 담고 소주와 설탕을 부어 밀봉하여 시원한 곳에 저장한다.
② 처음 3∼5일간은 1일 1회 정도 용기를 가볍게 흔들어 준다.
③ 3개월 뒤에 개봉하여 약재를 건져 내고, 건져 낸 약재의 1/5 정도를 다시 용기에 넣어 밀봉하여 시원한 곳에 저장한다.
④ 6개월 뒤에 완전 개봉하여 여과지에 걸러서 보관하며 복용한다.
⑤ 연한 적갈색을 띠며, 은은한 향이 나는 약술이다.

[효능]

심장과 신장을 튼튼하게 하고 기력(氣力)을 높여 주어 소변 불리(小便不利)와 조루증(早漏症)을 다스리며, 심신을 안정시켜 주고, 중년 이후 남성들에게 좋다.

[복용법]

1일 2회 20∼30㎖씩 아침저녁으로 식후에 복용한다.

오군자주의 약재들

[총론]

　　오군자주는 오군자탕의 처방을 이용한 약술이며, 오군자탕은 사군자탕에 황기가 더해진 처방이다. 사군자탕은 과로 등으로 원기(元氣)가 부족해져서 생기는 증상을 다스려 양기(陽氣)를 보강하는 것을 주로 하는 처방으로, 원기를 돕는 인삼, 수분을 조절하는 백출, 이뇨 작용을 하는 복령, 이들 약재를 조화시켜 주는 감초 이렇게 네 가지로 구성되어 있다.

　　황기는 강장 완화제(强壯緩貨劑)로 비위(脾胃)를 보(補)하고, 이뇨(利尿)와 지한(止汗) 작용이 있어 체력 저하로 인해 헛땀이 많이 나는 데 좋은 효과가 있다. 사군자탕에 황기를 더함으로써 사군자탕의 효능을 더욱 높여 중년 이후 남성들에게 좋다.

가미수오주

加味首烏酒

노 화 예 방 과 장 년 층 의 피 로 회 복 에 좋 은 약 술

[재료]

하수오(何首烏) 60g / 당귀(當歸) 30g / 구기자(枸杞子) 20g / 토사자(兎絲子) 20g / 연자육(蓮子肉) 20g / 설탕 100g / 소주 1,800㎖

[제조 방법]

① 토사자는 법제(法製)하고 연자육은 거심(去心)하여 이용한다. 준비된 약재들을 깨끗이 손질하여 용기에 넣고 소주와 설탕을 부어 밀봉하여 시원한 곳에 저장한다.
② 처음 3~5일간은 1일 1회 정도 용기를 가볍게 흔들어 준다.
③ 3개월 뒤에 개봉하여 약재를 건져 내고, 건져 낸 약재의 1/5 정도를 다시 용기에 넣어 밀봉하여 시원한 곳에 저장한다.
④ 6개월 뒤에 완전 개봉하여 여과지에 걸러서 보관하며 복용한다.

[효능]

신경성 두통과 흰머리(새치)에 효과가 있고, 장년층의 계속되는 피로와 정력 저하에도 효과적이다.

[복용법]

1일 2회 20~30㎖씩 아침저녁으로 식후에 복용한다.

가미수오주의 약재들

    하수오는 예부터 정력과 기(氣)를 보강하고 머리를 검게 해 주는 약재로 알려져 왔으며, 인삼 대용품으로도 이용한다. 또한 약술의 재료로 가장 많이 이용되고 있으며, 자양 강장(滋養强壯), 양혈(養血), 보간(補肝), 갈증 해소, 당뇨에 효능이 뛰어나고, 허약 체질 개선제와 정력제로도 이용된다. 여기에 정액을 생성하고 정자의 활동을 강화해 주는 구기자와 신장 기능을 보강하고 정력을 증진해 주는 토사자, 보혈(補血)·안신(安身), 혈액 순환 촉진 효과가 있는 당귀, 위장을 보호하고 신경을 안정시켜 주는 연자육을 더해 노화 예방 및 장년층의 피로 회복에 좋은 효과를 나타내는 약술이다.

지정주

地精酒

병 후 쇠 약 이 나 빈 혈 등 소 모 성 질 환 과 당 뇨 에 좋 은 약 술

[재료]

창출(蒼朮) 40g / 황정(黃精) 40g / 지골피(地骨皮) 40g / 천문동(天門冬) 20g / 숙지황(熟地黃) 20g / 인삼(人蔘) 20g / 설탕 100g / 소주 1,800㎖

[제조 방법]

① 준비된 약재들을 깨끗이 씻어 말려서 용기에 담고 소주와 설탕을 부어 밀봉하여 시원한 곳에 저장한다.
② 처음 3~5일간은 1일 1회 정도 용기를 가볍게 흔들어 준다.
③ 3개월 뒤에 개봉하여 약재를 건져 내고, 건져 낸 약재의 1/5 정도를 다시 용기에 넣어 밀봉하여 시원한 곳에 저장한다.
④ 6개월 뒤에 완전 개봉하여 여과지에 걸러서 보관하며 복용한다.

[효능]

장수에 도움을 주며, 병후 쇠약이나 빈혈, 영양 부족, 신경 쇠약, 소모성 질환 및 당뇨에 효과가 좋다.

[복용법]

1일 2회 20~30㎖씩 아침저녁으로 식후에 복용한다.

지정주의 약재들

[**총론**]

　창출은 습(濕)을 없애 주는 대표적인 약재이고, 황정은 자양 완하제(滋養緩下劑)이자 자양 강장제(滋養强壯劑)로 이용되고 있다. 천문동은 보중 익기제(補中益氣劑)로, 병을 앓고 난 뒤에 허약해졌거나 류머티즘성 관절염, 통풍, 당뇨 등의 처방에 배합하여 쓴다. 지골피는 청열(淸熱)·양혈(凉血) 작용이 있고, 폐결핵과 당뇨에도 효과가 있다. 창출과 황정은 차전자와 더불어 당뇨 치료에 가장 중요한 약재이며, 지골피 또한 당뇨 치료에 많이 이용되고 있다. 천문동·숙지황·인삼은 보음 생진(補陰生津) 작용이 탁월하여 당뇨로 인한 갈증을 풀어 주고 배출된 당분을 보충해 주는 효과가 좋다. 지정주는 특히 당뇨가 있고 피로가 잦은 중년층에 좋다.

인삼당귀주

人蔘當歸酒

피 로 회 복 과 스 트 레 스 해 소 , 신 경 성 두 통 에 좋 은 약 술

[재료]

인삼(人蔘) 60g / 당귀(當歸) 120g / 설탕 100g / 소주 1,800㎖

[제조 방법]

① 당귀를 깨끗이 씻어서 말려 얇게 썰어 인삼과 함께 용기에 담고 소주와 설탕을 부
　 어 밀봉하여 시원한 곳에 저장한다.
② 처음 3～5일간은 1일 1회 정도 용기를 가볍게 흔들어 준다.
③ 3개월 뒤에 개봉하여 약재를 건져 내고, 건져 낸 약재의 1/5 정도를 다시 용기에
　 넣어 밀봉하여 시원한 곳에 저장한다.
④ 6개월 뒤에 완전 개봉하여 여과지에 걸러서 보관하며 복용한다.
⑤ 경우에 따라서는 약재를 그대로 두고 복용해도 좋다.

[효능]

정신 노동으로 인한 피로와 신경성 두통 및 불면증에 효과가 좋으며, 여성의 신경성
및 갱년기성 두통에도 매우 효과적이다.

[복용법]

1일 2회 20～30㎖씩 아침저녁으로 식후에 복용한다.

인삼당귀주의 약재들

[총론]

　　인삼은 대표적인 보기제(補氣劑)이고, 당귀는 대표적인 보혈제(補血劑)이다. 인삼은 원기를 보하고 갈증을 없애 주며, 외사(外邪)로부터 몸을 방어하고 면역력을 강화하며, 혈당을 조절하고 신체 기능을 조절한다. 당귀는 피를 생성하고 혈액 순환을 활발하게 하며, 심장을 보호하고 신경을 안정시키며, 몸속의 나쁜 혈(血)들을 없애 준다. 이 두 약재가 상호 작용을 하여 기혈(氣血)을 보강해 준다. 당귀는 두통에 효과가 있으며, 인삼과 함께 이용하면 상승 효과를 발휘한다. 신경성 편두통이나 스트레스성 두통, 갱년기 두통에 효과가 좋으며, 향 또한 좋아서 스트레스를 많이 받는 현대인들에게 한 병쯤 담가 두고 저녁 식사 때 반주로 마시라고 권해 주고 싶다.

생맥산주

生脈散酒

여름철 갈증 해소와 더위에 지친 체력을 보강하는 데 좋은 약술

[재료]

인삼(人蔘) 40g / 오미자(五味子) 80g / 맥문동(麥門冬) 80g / 설탕 100g / 소주 1,800㎖

[제조 방법]

① 준비된 약재들을 깨끗이 손질하여 용기에 넣고 소주와 설탕을 부어 밀봉하여 시
   원한 곳에 저장한다.
② 처음 3~5일간은 1일 1회 정도 용기를 가볍게 흔들어 준다.
③ 3개월 뒤에 개봉하여 약재를 건져 내고, 건져 낸 약재의 1/5 정도를 다시 용기에
   넣어 밀봉하여 시원한 곳에 저장한다.
④ 6개월 뒤에 완전 개봉하여 여과지에 걸러서 보관하며 복용한다.
⑤ 연한 황갈색을 띠며, 독특한 맛이 나는 약술이다.

[효능]

만성 기관지염과 당뇨에 효과가 있고, 특히 더위로 인한 갈증을 풀어 주고 더위에 지
친 체력을 보강하는 데 좋다.

[복용법]

1일 2회 20~30㎖씩 아침저녁으로 식후에 복용한다. 여름철에 갈증이 날 때는 약술
의 3~5배 정도의 얼음 냉수에 희석하여 마시면 갈증을 해소하는 데 매우 좋다.

생맥산주의 약재들

[총론]

　세 가지 생약으로만 구성되어 있으나 약효는 매우 좋다. 인삼은 원기(元氣)를 보(補)하고 허탈(虛脫)을 치료하며, 혈액을 생성하고 심기(心氣)를 길러 정신을 안정시키고, 갈증을 덜어 준다. 오미자는 강장, 피로 권태, 무기력, 더위에 지쳤을 때, 피로로 인한 사고력 저하, 기억력 감퇴, 주의력 감퇴 등에 효과가 있다. 맥문동은 폐를 보(補)하고 심장을 맑게 하여 강정(强精)하게 하지만 기운이 허약하거나 위장이 냉(冷)한 사람에게는 좋지 않다. 그러나 술에 담가 먹으면 문제가 없다. 세 가지 약재가 상승 작용을 하여 과격한 운동이나 노동 후에 오는 피로감이나 숨가쁨, 여름철에 더위를 타는 증상 등에 좋다. 여름철에는 차로 끓여 마셔도 좋은 건강 음료다.

익수선주

益壽仙酒

강장 회춘 효과가 있고, 신선주로 이름난 경신연년의 장수 약술

[재료]

하수오(何首烏) 40g / 인삼(人蔘) 20g / 건지황(乾地黃) 20g / 맥문동(麥門冬) 20g / 황정(黃精) 15g / 구기자(枸杞子) 15g / 천문동(天門冬) 15g / 두충(杜沖) 20g / 연자육(蓮子肉) 15g / 백출(白朮) 20g / 백복령(白茯苓) 15g / 설탕 100g / 소주 1,800㎖

[제조 방법]

① 맥문동과 연자육은 거심(去心)해서, 두충은 초(炒)해서 이용한다.

② 준비된 약재들을 깨끗이 손질하여 용기에 넣고 소주와 설탕을 부어 시원한 곳에 밀봉하여 저장한다.

③ 처음 3~5일간은 1일 1회 정도 용기를 가볍게 흔들어 준다.

④ 3개월 뒤에 개봉하여 약재를 건져 내고, 건져 낸 약재의 1/5 정도를 다시 용기에 넣어 밀봉하여 시원한 곳에 저장한다.

⑤ 6개월 뒤에 완전 개봉하여 여과지에 걸러서 보관하며 복용한다.

[효능]

중년 이후 자양 강장(滋養强壯), 노화 예방, 정력 감퇴, 피로 회복, 건망증, 경신연년(輕身延年 : 몸을 가볍게 하고 수명을 늘려 줌) 등에 효과가 좋다.

[복용법]

1일 2회 20~30㎖씩 아침저녁으로 식후에 복용한다.

익수선주의 약재들

[총론]

　　신선주(神仙酒)로 알려져 예부터 애용되어 온 약술로, 중년 이후의 체력 저하와 정력 감퇴, 만성 피로, 식욕 부진, 기력 쇠퇴 등의 증상이 있을 때 복용하면 강장 회춘(强壯回春) 효과를 볼 수 있다. 인삼은 쇠약해진 위장 기능을 치료하고 원기를 도와주며, 인체의 면역 기능을 강화한다. 하수오는 노화를 억제하고 근골을 튼튼하게 하며, 기혈을 조절한다. 지황과 맥문동은 자양 강장(滋養强壯) 효과가 있고, 진액을 보강하여 허약 체질을 개선해 주며, 복령은 보익(補益)·이수(利水)·안신(安身)·진정(鎭靜) 효과가 있다. 이러한 약재들이 종합적으로 작용하여 노화를 막고 체력을 증강시켜 주는 까닭에 신선주라는 이름을 얻었다.

칠보주

七寶酒

피 로 회 복 , 노 화 예 방 , 정 력 증 강 , 오 로 칠 상 에 좋 은 약 술

[재료]

하수오(何首烏) 40g / 토사자(兎絲子) 30g / 파고지(破古紙) 20g / 백복령(白茯苓) 20g /
구기자(枸杞子) 20g / 당귀(當歸) 15g / 우슬(牛膝) 15g / 설탕 100g / 소주 1,800㎖

[제조 방법]

① 토사자는 법제(法製)한 것을 이용한다. 약재들을 깨끗이 손질하여 용기에 넣고 설
　탕과 소주를 부어 밀봉하여 시원한 곳에 저장한다.
② 처음 3~5일간은 1일 1회 정도 용기를 가볍게 흔들어 준다.
③ 3개월 뒤에 개봉하여 약재를 건져 내고, 건져 낸 약재의 1/5 정도를 다시 용기에
　넣어 밀봉하여 시원한 곳에 저장한다.
④ 6개월 뒤에 완전 개봉하여 여과지에 걸러서 보관하며 복용한다.

[효능]

피로 회복, 무기력감, 노화 예방, 정력 증강, 탈모 및 백발 예방, 오로칠상(五勞七傷 :
오장이 허약하여 생기는 허로병인 오로와 남자가 허약해서 생기는 일곱 가지 증상)에 좋다.

[복용법]

1일 2회 20~30㎖씩 아침저녁으로 식후에 복용한다.

칠보주의 약재들

[총론]

　칠보주는 예부터 노화를 막고 머리가 희어지는 것을 예방하며 정력을 증강
시켜 주는 명주(名酒)로 전해져 왔다. 주된 약재는 하수오로, 하수오는 정력과
기(氣)를 보(補)하고 머리를 검게 하는 효과가 있다. 자양 강장(滋養强壯), 양혈
(養血), 보간(補肝), 갈증 해소, 당뇨에 효능이 뛰어나고, 허약 체질 개선과 정력
보강에도 좋다. 동맥경화와 고혈압을 예방하는 효과도 있다. 여기에 기력을 회
복시켜 주고 정력을 강화해 주는 파고지·토사자·구기자 등이 더해져 노화
예방과 정력 증강 효과가 더욱 강화되고, 복령의 보기(補氣)·이뇨(利尿)·안
신(安身) 작용과 우슬의 허리 및 하반신 관절 강화 효과까지 더해진 좋은 약술
이다.

수오두충주
首烏杜沖酒

근골(筋骨)을 튼튼하게 하고, 퇴행성 요통과 하반신 무력에 좋은 약술

[재료]

하수오(何首烏) 100g / 두충(杜沖) 75g / 설탕 100g / 소주 1,800㎖

[제조 방법]

① 두충은 초(炒)를 해서 이용한다. 준비된 약재들을 깨끗이 손질하여 용기에 넣고
   소주와 설탕을 부어서 밀봉하여 시원한 곳에 저장한다.
② 처음 3~5일간은 1일 1회 정도 용기를 가볍게 흔들어 준다.
③ 3개월 뒤에 개봉하여 약재를 건져 내고, 건져 낸 약재의 1/5 정도를 다시 용기에
   넣어 밀봉하여 시원한 곳에 저장한다.
④ 6개월 뒤에 완전 개봉하여 여과지에 걸러서 보관하며 복용한다.

[효능]

노화 방지, 퇴행성 요통, 하반신 무력, 콜레스테롤 예방 등의 효과가 있다.

[복용법]

1일 2회 20~30㎖씩 아침저녁으로 식후에 복용한다.

수오두충주의 약재들

[총론]

　주된 약재는 하수오이며, 여기에 두충을 첨가한 약술이다. 하수오는 자양 강
장제로 신경을 흥분시키고 혈액 순환을 촉진하며, 백발과 조기 노화, 조울증
(燥鬱症) 등의 신경성 질환에 효과가 있다. 두충은 자양 강장제로 진정 작용과
혈압을 조절하는 효능이 있어 요통(腰痛)과 요각통(腰脚痛)에 많이 쓰이며, 만
성 류머티즘성 관절염에도 효과가 있다. 따라서 수오두충주는 혈관 질환과 고
혈압을 예방해 준다. 심한 고혈압에는 적당하지 않지만 가벼운 고혈압의 경우
말초 혈관을 확장시켜 혈압을 내려 준다. 과로로 인해 허리 부위가 피로하거나
은근히 아플 때 마시면 효과가 빠르다. 적당하게 복용하면 성인의 건강 약주로
손색이 없다.

황기 마늘주

만 성 피 로 , 정 력 부 족 , 허 약 체 질 , 불 면 증 에 좋 은 약 술

[재료]

황기(黃芪) 100g / 마늘(大蒜) 20쪽 / 설탕 100g / 소주 1,800㎖

[제조 방법]

① 황기는 얇게 썰고 마늘은 까서 이용한다.

② 황기와 마늘을 용기에 넣고 소주와 설탕을 부어 밀봉하여 시원한 곳에 저장한다.

③ 처음 3~5일간은 1일 1회 정도 용기를 가볍게 흔들어 준다.

④ 3개월 뒤에 약재를 건져 내고, 건져 낸 약재의 1/5 정도를 다시 용기에 넣어 밀봉
하여 시원한 곳에 저장한다.

④ 6개월 이상 숙성하여 여과지에 걸러서 보관하며 복용한다.

⑤ 연한 황갈색을 띤, 독특한 향의 약술이다.

[효능]

몸이 쇠약하여 땀을 흘리거나 만성 피로, 정력 부족, 불면증에 좋다. 특히 마늘은 혈
액 순환을 왕성하게 하고 정력을 보강해 주므로 허약한 사람이 자주 먹으면 체질이
개선된다.

[복용법]

1일 2회 20~30㎖씩 아침저녁으로 식후에 복용한다.

황기마늘주의 약재들

[총론]

　황기는 예부터 많이 이용되어 온 한약으로, 중추 신경계를 흥분시켜 성 호르몬을 분비해 주고 단백뇨(蛋白尿)를 치료하는 효과가 있다. 혈관 확장 작용도 있어서 혈액 순환 장애를 개선하고, 피로성 심장 쇠약과 남녀 노소를 불문하고 원기를 회복하고 강화해 주는 효과가 있다. 마늘은 예부터 식용과 약용으로 많이 쓰여 왔으며, 특히 정력을 왕성하게 한다고 하여 사찰에서 금하는 다섯 가지 식물인 오신채(五辛菜 : 마늘·파·부추·달래·홍거) 가운데 하나이기도 하다. 살균(殺菌)·항균(抗菌) 작용이 있어 암을 예방하고 피로 회복, 강장·강정, 냉증, 노화 방지, 감기 등에 매우 효과가 좋다. 대표적인 보기(補氣) 약재와 강장 식품을 이용한 약술이다.

보원주
補元酒

무기력증과 식욕 부진에 좋고, 원기 회복을 도와주는 약술

[재료]

인삼(人蔘) 50g / 황기(黃芪) 60g / 계피(桂皮) 20g / 구감초(炙甘草) 10g / 생강(生薑) 20g / 대추(大棗) 10개 / 설탕 100g / 소주 1,800㎖

[제조 방법]

① 감초는 약간 초(炒)해서 이용한다. 준비한 재료들을 용기에 넣고 소주와 설탕을 부어 밀봉하여 시원한 곳에 저장한다.

② 처음 3~5일간은 1일 1회 정도 용기를 가볍게 흔들어 준다.

③ 3개월 뒤에 개봉하여 약재를 건져 내고, 건져 낸 약재의 1/5 정도를 다시 용기에 넣어 밀봉하여 시원한 곳에 저장한다.

④ 6개월 뒤에 완전 개봉하여 여과지에 걸러서 보관하며 복용한다.

⑤ 투명한 갈색을 띠며, 독특한 맛이 나는 약술이다.

[효능]

무기력증·식욕 부진·피로 회복에 효과가 있고, 감기가 자주 걸리는 것을 막아 준다.

[복용법]

1일 2회 20~30㎖씩 아침저녁으로 식후에 복용한다.

보원주의 약재들

[총론]

    인삼은 원기(元氣)를 보(補)하고 허탈(虛脫)을 치료하며, 혈액을 생성하고 심기(心氣)를 편안하게 하여 정신을 안정시킨다. 황기는 중추 신경계를 흥분시켜 성 호르몬을 분비해 주고 단백뇨(蛋白尿)를 치료하는 효과가 있다. 감초는 모든 약재가 조화를 이루게 하는 탁월한 효과가 있으며, 구감초는 몸을 따뜻하게 해 준다. 계피는 방향성 건위제(芳香性健胃劑)로, 식욕 증진제로 이용하며 체온을 높이고 세균이 발육하는 것을 막아 준다. 이러한 효능들이 서로 상호 작용을 하여 소화 흡수 기능과 신진대사 기능을 높이고, 뇌의 흥분 작용을 진정시켜 주며, 온몸의 기능을 개선해 준다. 땀샘의 기능을 조정하여 감기에 잘 걸리지 않게 하는 효과도 있다.

산용주

山茸酒

빈 혈 , 피 로 회 복 , 정 력 감 퇴 에 효 과 가 좋 은 약 술

[재료]

산약(山藥) 80g / 녹용(鹿茸) 20g / 구기자(枸杞子) 60g / 설탕 100g / 소주 1,800㎖

[제조 방법]

① 녹용은 얇게 썰고, 산약은 1~2㎝ 정도로 썰고, 구기자는 그대로 이용한다. 준비
　된 재료들을 용기에 넣고 소주와 설탕을 부어 밀봉하여 시원한 곳에 저장한다.

② 처음 3~5일간은 1일 1회 정도 용기를 가볍게 흔들어 준다.

③ 6개월 뒤에 여과지에 걸러서 보관하며 복용한다

④ 적갈색을 띠며, 독특한 향기를 가진 약술이다.

[효능]

강장 강정(强壯强精), 유정(遺精), 조루(早漏), 정력 부족, 빈혈, 피로 회복에 좋다.

[복용법]

1일 2회 20~30㎖씩 아침저녁으로 식후에 복용한다.

산용주의 약재들

[총론]

　산용주의 주된 약재는 산약과 녹용이다.

　보통 참마는 생것을 이용하는데, 참마 말린 것을 산약(山藥)이라 한다.

　녹용은 특히 강정 효과가 특히 뛰어난데 값이 비싸 산약으로 보충하며, 소량으로도 강정(強精) 효과를 거둘 수 있도록 하고 있다. 산약 하나로도 강정 효과를 볼 수 있으나 다른 보정약(補精藥)과 함께 이용하면 효과가 더욱 상승한다.

　구기자는 보정(補精)을 도와 자양 강정(滋養强精) 효과를 더욱 높여 주는 역할을 한다. 산용주는 강정 효과가 강하면서도 온화한 까닭에 값이 비싸긴 하지만 그만큼 효능이 좋아 건강주(健康酒)로 손색이 없다. 오랫동안 복용해도 부작용이 없다.

양로주

養老酒

[재료]

인삼(人蔘) 20g / 백출(白朮) 20g / 우슬(牛膝) 20g / 복령(茯苓) 20g / 천궁(川芎) 20g / 당귀(當歸) 20g / 백작약(白芍藥) 20g / 맥문동(麥門冬) 20g / 진피(陳皮) 10g / 오미자(五味子) 10g / 생강(生薑) 10g / 설탕 100g / 소주 1,800㎖

[제조 방법]

① 오미자는 그대로 이용하고, 나머지는 잘게 썰어서 이용한다. 준비된 재료들을 용기에 넣고 소주와 설탕을 부어 밀봉하여 시원한 곳에 저장한다.

② 처음 3~5일간은 1일 1회 정도 용기를 가볍게 흔들어 준다.

③ 3개월 뒤에 개봉하여 약재를 건져 내고, 건져 낸 약재의 1/5 정도를 다시 용기에 넣어 밀봉하여 시원한 곳에 저장한다.

④ 6개월 뒤에 여과지에 걸러서 보관하며 복용한다.

⑤ 흑갈색을 띠며, 독특한 감칠맛이 나는 약술이다.

[효능]

이름처럼 노인성 피로에 좋다. 정력 부족, 하지에 힘이 없고 걸음걸이가 불편할 때, 건망증, 치매 예방 등의 효과가 있다.

[복용법]

1일 2회 20~30㎖씩 아침저녁으로 식후에 복용한다.

양로주의 약재들

[총론]

　오랜 옛날부터 전해져 온 노화 예방의 명주(名酒)이다. 인삼은 원기를 돕고 위 기능을 강화하며 면역력을 길러 준다. 백출은 비장을 튼튼하게 하고 기운이 나게 하며, 진피는 방향성 건위제로, 소화를 촉진한다. 생강은 위 기능을 활발하고 따뜻하게 하며 기를 돕는다.

　당귀·천궁·작약·오미자는 대표적인 보혈제로, 혈액 순환을 촉진하고 보혈(補血) 작용을 하며, 오미자는 정력을 강화하고 익기 생진(益氣生津) 작용을 한다. 복령은 보양(補陽)과 이수(利水), 안신에 효과적이고, 우슬은 허리와 다리를 튼튼하게 하며 각 관절을 보강한다. 이들 효능이 조화된 양로주는 이름 그대로 노인성 질환의 예방과 건강 증진에 좋은 약술이다.

양심주

養心酒

신 경 성 질 환 을 진 정 시 키 고 , 스 트 레 스 해 소 에 좋 은 약 술

[재료]

인삼(人蔘) 20g / 백출(白朮) 20g / 복령(茯苓) 30g / 용안육(龍眼肉) 30g / 산조인(酸棗仁) 30g / 원지(遠志) 20g / 대추(大棗) 10개 / 설탕 100g / 소주 1,800㎖

[제조 방법]

① 산조인은 볶아서 이용하고, 나머지는 잘게 썰어서 이용한다. 준비된 재료들을 용기에 넣고 소주와 설탕을 부어 밀봉하여 시원한 곳에 보관한다.
② 처음 3~5일간은 1일 1회 정도 용기를 가볍게 흔들어 준다.
③ 3개월 뒤에 개봉하여 약재를 건져 내고, 건져 낸 약재의 1/5 정도를 다시 용기에 넣어 밀봉하여 시원한 곳에 저장한다.
④ 6개월 뒤에 완전 개봉하여 여과지에 걸러서 보관하며 복용한다.
⑤ 흑갈색을 띠며, 달콤한 맛이 나는 약술이다.

[효능]

신경성 질환에 대표적인 약술로 불면증이나 불안감, 초조감, 신경성 위염, 갱년기 장애, 심화증(心火症 : 생각이 많아지는 마음의 병, 흔히 화병이라고 함) 등에 효과가 있다.

[복용법]

1일 2회 20~30㎖씩 아침저녁으로 식후에 복용한다.

양심주의 약재들

　　양심주는 한방 요약(要藥)인 귀비탕(歸脾湯)에서 당귀와 목향을 뺀 처방으로 담근 약술이다. 인삼·백출·백복령은 기력을 보강하고 신경을 안정시켜 주며, 용안육·산조인·원지는 신경을 진정시켜 주어 잠이 잘 들게 해 준다. 신경이 날카롭고 초조함이나 짜증으로 마음이 안정되지 않는 사람에게 효과적이다. 피로가 잦고 무력감이나 식욕 부진 증상이 있으며 깊이 잠들지 못하고 꿈을 많이 꾸는 사람의 안신 진정제로 사용해도 좋다. 현대인들의 스트레스 해소와 여성의 갱년기 장애에 효과가 좋으며, 신경성 두통이나 신경성 위염에도 효과가 있다. 갱년기 장애와 불면증에 이용하면 좋은 약술이다.

익모사물주

益母四物酒

각 종 부 인 병 과 여 성 특 유 의 증 상 에 좋 은 약 술

[재료]

익모초(益母草) 30g / 숙지황(熟地黃) 30g / 당귀(當歸) 30g / 천궁(川芎) 30g / 백작약(白芍藥) 30g / 설탕 100g / 소주 1,800㎖

[제조 방법]

① 준비된 약재들을 잘게 썰어서 깨끗이 손질하여 용기에 넣고 소주와 설탕을 부어 밀봉하여 시원한 곳에 저장한다.

② 처음 3~5일간은 1일 1회 정도 용기를 가볍게 흔들어 준다.

③ 3개월 뒤에 개봉하여 약재를 건져 내고, 건져 낸 약재의 1/5 정도를 다시 용기에 넣어 시원한 곳에 저장한다.

④ 6개월 뒤에 완전 개봉하여 여과지에 걸러서 보관하며 복용한다.

⑤ 흑갈색을 띠며, 진한 쓴맛이 나는 약술이다.

[효능]

경행 불순(經行不順) · 월경통 · 혈허성 빈혈 · 허약 체질 등에 효과가 있고, 여성들의 손발이 차거나 피부가 거칠고 혈색이 좋지 않은 증상에 효과가 있다.

※ 주의 : 여성들의 부정기적 자궁 출혈 등 생리 이외의 출혈이 있을 때는 복용을 금한다.

[복용법]

1일 2회 20~30㎖씩 아침저녁으로 식후에 복용한다.

익모사물주의 약재들

[총론]

 부인병(婦人病)으로 인해 혈액 순환이 원활하지 않고 정체된 증상과 그에 따른 증상들을 개선해 준다. 혈액 정체로 인해 생기는 월경 주기의 연장, 월경 양의 감소, 무월경, 생리통 등에 효과가 있다.

 사물탕은 임상(臨床)에서 보혈(補血)·화혈(和血)·조경(調經)에 상용하는 기본 처방으로, 여기에 익모초를 가미한 약술이다. 익모초는 육모초라고도 부르는데, 자궁의 수축 기능을 활발하게 하여 생리 불순과 산후 회복에 좋으며, 혈액 순환을 촉진하여 두통과 어지럼증, 손발 저림, 복통 등에 이용한다. 익모사물주는 여성이 잘 이용하면 모든 여성 질환의 예방과 치료 및 건강 증진에 좋은 대표적인 여성 약술이다.

구기황정주

枸杞黃精酒

정 력 보 강 , 피 로 회 복 , 노 화 방 지 에 좋 은 약 술

[재료]

구기자(枸杞子) 100g / 황정(黃精) 100g / 설탕 100g / 소주 1,800㎖

[제조 방법]

① 구기자는 그대로 이용하고, 황정은 살짝 볶아서 이용한다. 준비된 재료들을 용기에 넣고 소주와 설탕을 부어 밀봉하여 시원한 곳에 저장한다.

② 처음 3～5일간은 1일 1회 정도 용기를 가볍게 흔들어 준다.

③ 3개월 뒤에 개봉하여 약재를 건져 내고, 건져 낸 약재의 1/5 정도를 다시 용기에 넣어 밀봉하여 시원한 곳에 저장한다.

④ 6개월 뒤에 완전 개봉하여 여과지에 걸러서 보관하며 복용한다.

⑤ 흑갈색을 띠며, 독특한 맛이 나는 약술이다.

[효능]

정력 감퇴, 음위(陰痿), 무기력, 피로 권태, 노화 예방에 효과가 있다.

[복용법]

1일 2회 20～30㎖씩 아침저녁으로 식후에 복용한다.

구기황정주의 약재들

[총론]

　　구기환(枸杞丸)을 약술로 만든 것으로, 환제보다 약술이 더 효과가 좋다. 알코올에 의해 효과가 더 상승하기 때문이다. 체질이 허약하여 성생활로 인해 몸이 쇠약하고 피로 권태, 정력 감퇴, 발기 부전, 피부가 거친 증상이 있는 사람에게 특히 효과적이다. 구기자는 자양 강장(滋養强壯) 효과가 있어 오랫동안 복용하면 건강이 좋아지고 심신이 충실해져 강장(强壯) 체질로 바뀐다. 안색이 좋아지고 눈이 밝아지며, 노화 예방 효과도 있다. 황정은 자양 강장제로, 병을 앓은 뒤에 쇠약해졌거나 기력이 부족할 때 효과적이고, 오랫동안 복용하면 성기의 발기력도 좋아진다. 단 두 가지 약재로 구성되어 있지만 효과는 매우 좋은 약술이다.

보온인삼주

補溫人蔘酒

식 욕 부 진 , 권 태 , 무 력 감 , 잦 은 배 앓 이 에 좋 은 약 술

[재료]

인삼(人蔘) 50g / 백출(白朮) 50g / 구감초(炙甘草) 50g / 건강(乾薑) 20g / 설탕 100g / 소주 1,800㎖

[제조 방법]

① 준비된 약재들을 잘게 썰어서 용기에 넣고 소주와 설탕을 부어 밀봉하여 시원한 곳에 보관한다.

② 처음 3~5일간은 1일 1회 정도 용기를 가볍게 흔들어 준다.

③ 3개월 뒤에 개봉하여 약재를 건져 내고, 건져 낸 약재의 1/5 정도를 다시 용기에 넣어 밀봉하여 시원한 곳에 저장한다.

④ 6개월 뒤에 완전 개봉하여 여과지에 걸러서 보관하며 복용한다.

⑤ 맑은 황갈색을 띠며, 담백하고 감칠맛이 나는 약술이다.

[효능]

풋과일이나 찬 음식을 먹고 설사가 나는 경우, 식욕 부진·권태·무력감·복통·오심(惡心) 등의 증상에 효과가 있다. 배가 차서 배앓이가 잦은 경우에 특히 좋다.

[복용법]

1일 2회 20~30㎖씩 아침저녁으로 식후에 복용한다.

※ 주의 : 위염이 심하거나 위궤양이 있는 사람은 복용을 금한다.

보온인삼주의 약재들

[총론]

　원방은 인삼탕이지만 약술로 만들어도 효과가 좋다. 속이 차고 위 기능이 약한 사람, 몸이 마르고 안색이 좋지 않으며 원기가 없고 식욕이 없는 사람에게 매우 효과적이다.

　인삼은 소화를 촉진하여 위 기능을 활발하게 하고, 신진대사를 원활하며, 신체의 면역력을 강화하고 조절하는 기능이 있다. 백출은 위장의 소화액 분비와 흡수를 촉진하고 위 속의 수분을 모아 소변으로 배출한다. 이 두 가지 약재를 중심으로 위를 따뜻하게 하는 역할을 하는 건강(乾薑)이 더해져 전신의 비위 허한(脾胃虛寒) 증상을 개선해 준다. 손발이 몹시 찰 때는 계피(桂皮) 10g을 추가하면 더욱 효과가 좋다.

소생진피주

蘇生陳皮酒

건위(健胃) 작용을 하여 식욕 부진 및 소화 불량에 좋은 약술

[재료]

소엽(蘇葉) 30g / 생강(生薑) 30g / 진피(陳皮) 80g / 설탕 100g / 소주 1,800㎖

[제조 방법]

① 준비된 재료들을 잘게 썰어서 용기에 넣고 소주와 설탕을 부어 밀봉하여 시원한 곳에 보관한다.

② 처음 3~5일간은 1일 1회 정도 용기를 가볍게 흔들어 준다.

③ 3개월 뒤에 개봉하여 약재를 건져 내고, 건져 낸 약재의 1/5 정도를 다시 용기에 넣어 밀봉하여 시원한 곳에 저장한다.

④ 6개월 뒤에 완전 개봉하여 여과지에 걸러서 보관하며 복용한다.

⑤ 황갈색을 띠며, 독특한 향기와 약간 쓴맛이 나는 약술이다.

[효능]

식욕이 없을 때 입맛을 돋우고 건위 작용을 한다. 구역질과 소화 불량 등에도 효능이 있다.

[복용법]

1일 2회 20~30㎖씩 아침저녁으로 식후에 복용한다.

소생진피주의 약재들

[총론]

　생강 · 진피 · 소엽 세 가지로 만든 약술이다. 위기(胃氣)를 열고 위수(胃水)를 내려 위를 개운하게 하고 기분을 상쾌하게 해 주는 온보(溫補) · 건위(健胃) 효과가 있다. 오랫동안 마셔도 부작용이 전혀 없으며, 위의 활동을 도와주므로 장복하기에 좋다.

　소엽은 해열 작용이 있고 위장 운동을 촉진하며, 생강은 해열 · 진통 작용을 하고 구토를 멈추게 하며, 멀미 예방 및 소화를 촉진한다. 진피는 방향성 건위제로, 위장 운동을 촉진하여 위 경련을 멈추게 하고 소화 기능을 강화한다. 흔한 약재들로 간단하게 담글 수 있는 약술이지만 효과는 매우 크다. 생강 · 진피 · 소엽을 약차로 끓여 마셔도 효과가 있다.

하수오회춘주
何首烏回春酒

남녀노소 모두에게 좋으나 특히 여성에게 좋은 노화 방지 약술

[재료]

하수오(何首烏) 50g / 당귀(當歸) 25g / 구기자(枸杞子) 25g / 토사자(兎絲子) 25g / 연자
육(蓮子肉) 25g / 설탕 100g / 소주 1,800㎖

[제조 방법]

① 구기자는 그대로 이용하고, 하수오와 당귀는 잘게 썰어서 이용한다. 토사자는 법
   제(法製)하고, 연자육은 거심(去心)한다. 준비된 재료들을 용기에 넣고 소주와 설
   탕을 부어 밀봉하여 시원한 곳에 보관한다.
② 처음 3~5일간은 1일 1회 정도 용기를 가볍게 흔들어 준다.
③ 3개월 뒤에 개봉하여 약재를 건져 내고, 건져 낸 약재의 1/5 정도를 다시 용기에
   넣어 밀봉하여 시원한 곳에 저장한다.
④ 6개월 뒤에 완전 개봉하여 여과지에 걸러서 보관하며 복용한다.
⑤ 적갈색을 띠며, 독특한 감칠맛이 나는 약술이다.

[효능]

강장(强壯), 근골(筋骨) 강화, 혈액 순환 개선, 정혈 보온(淨血保溫), 노화 예방 효과가
있다.

[복용법]

1일 2회 20~30㎖씩 아침저녁으로 식후에 복용한다.

하수오회춘주의 약재들

[총론]

　하수오회춘주는 기원전 1000년경부터 담가 먹은 약술로 알려져 있으며, 회춘주와는 성질이 다르다. 회춘추는 남성의 정력 보강을 위주로 한 약술인 반면 하수오회춘주는 남녀노소를 불문하고 마실 수 있으며, 특히 40세 이상의 부녀자 또는 부부가 마시면 좋다. 당귀는 보혈제로, 여성에게 좋은 약재이지만 남성에게도 강장 효과가 있고, 연자육은 그 효과를 배가시켜 준다. 주된 약재는 하수오로, 자양 강장제로써 신경을 흥분시키고 혈액 순환을 촉진하며 노화 예방과 백발 및 탈모 예방에 좋다. 구기자·토사자와 함께 자양 강장 효과를 발휘하여 저하된 체력을 회복시켜 주고, 피로 회복과 노화 방지에 효과가 좋다.

연령주
延靈酒

신 경 성 소 화 불 량 과 불 면 증 에 좋 은 약 술

[재료]

검은콩(黑豆) 60g / 구기자(枸杞子) 20g / 용안육(龍眼肉) 20g / 당귀(當歸) 20g / 백출(白朮) 20g / 볶은 산조인(酸棗仁) 20g / 백복령(白茯苓) 20g / 석창포(石菖蒲) 10g / 감초(甘草) 10g / 설탕 100g / 소주 1,800㎖

[제조 방법]

① 검은콩은 깨끗이 씻어서 살짝 볶아 이용한다. 준비된 약재들을 깨끗이 손질하여 용기에 넣고 소주와 설탕을 부어 밀봉하여 시원한 곳에 저장한다.

② 처음 3~5일간은 1일 1회 정도 용기를 가볍게 흔들어 준다.

③ 3개월 뒤에 개봉하여 약재를 건져 내고, 건져 낸 약재의 1/5 정도를 다시 용기에 넣어 밀봉하여 시원한 곳에 저장한다.

④ 6개월 뒤에 완전 개봉하여 여과지에 걸러서 보관하며 복용한다.

[효능]

신경성 소화 불량 · 불면증 · 권태에 효과가 있으며, 스트레스 해소에 좋다.

[복용법]

30㎖ 정도를 1일 1회 취침 전에 복용한다.

연령주의 약재들

[총론]

　검은콩은 위장의 열을 내리고 신장 내 여러 가지 장애를 다스려 소변을 깨끗하게 하며, 기관지와 내장 점막을 튼튼하게 한다. 또한 심장병 위험을 줄여 주고, 백발과 탈모 증세에도 효과가 좋다. 해독 효과가 뛰어나 파괴된 인체 조직을 빠른 속도로 회복시켜 주며, 방사선 치료 후 회복에 좋은 효과가 있다. 여기에 백출과 백복령의 보기(補氣) 효과와 위장 기능을 강화해 주는 당귀, 구기자의 보혈(補血)·생진(生津) 작용으로 소화액 분비를 촉진하고, 안신제(安神劑)인 용안육과 산조인, 석창포 등이 가미되어 신경성 질환을 해소하고 피로와 스트레스를 풀어 주며 잠을 잘 자게 하는 등 질병 예방에 효과가 좋다.

삼황수궁주

三黃茱芎酒

혈 허 (血 虛)로 인 한 빈 혈 과 두 통 에 좋 은 약 술

[재료]

산수유(山茱萸) 40g / 숙지황(熟地黃) 30g / 생지황(生地黃) 30g / 건지황(乾地黃) 20g / 천궁(川芎) 40g / 설탕 100g / 소주 1,800㎖

[제조 방법]

① 준비된 약재들을 손질하여 용기에 넣고 소주와 설탕을 부어 밀봉하여 시원한 곳
   에 보관한다.
② 처음 3~5일간은 1일 1회 정도 용기를 가볍게 흔들어 준다.
③ 3개월 뒤에 개봉하여 약재를 건져 내고, 건져 낸 약재의 1/5 정도를 다시 용기에
   넣어 밀봉하여 시원한 곳에 저장한다.
④ 6개월 뒤에 완전 개봉하여 여과지에 걸러서 보관하며 복용한다.
⑤ 빛깔이 은은하며, 신맛이 나는 약술이다.

[효능]

보혈(補血) · 조혈(調血) 작용이 있어서 피로를 풀어 주고, 빈혈성 두통에 좋은 효과
가 있다.

[복용법]

1일 2회 20~30㎖씩 아침저녁으로 식후에 복용한다.

삼황수궁주의 약재들

[총론]

　삼황수궁주는 세 종류의 지황을 군약(君藥)으로 한 약술이다. 지황은 보혈(補血)·정혈(淨血) 작용과 함께 지혈(止血) 효과가 있다. 쇠약해진 심장을 강하게 하여 증혈(增血) 작용을 하고 혈액 순환을 좋게 하며, 병을 앓고 난 뒤에 체력을 회복시켜 준다. 산수유는 자음 익혈제(滋陰益血劑)로 빈혈, 신경 쇠약, 노인성 천식에 효과가 있으며, 허리와 다리에 힘이 없고 머리가 아프며 빈뇨나 야뇨증이 있는 노인들에게 자양 강장(滋養强壯)·보정(補精) 효과가 있다. 천궁은 두통으로 인한 일체의 병에 효과가 좋다. 혈압을 조절해 주고, 심장병이나 현기증 특히 머릿속이 텅 비어 흔들거리는 느낌이 있을 때 신경을 안정시켜 준다. 삼황수궁주는 피로 회복과 혈허(血虛), 빈혈로 인한 어지럼증, 두통에 효과가 좋은 약술이다.

양귀미주

楊貴美酒

여 성 의 건 강 과 피 부 미 용 에 좋 은 , 여 성 을 위 한 약 술

[재료]

당귀(當歸) 25g / 작약(芍藥) 12g / 목단피(牧丹皮) 12g / 적복령(赤茯苓) 12g / 용안육(龍眼肉) 25g / 향부자(香附子) 12g / 홍화(紅花) 8g / 치자(梔子) 8g / 박하(薄荷) 8g / 시호(柴胡) 8g / 감국(甘菊) 8g / 대추(大棗) 15g / 설탕 100g / 소주 1,800㎖

[제조 방법]

① 홍화와 국화는 살짝 씻어서 완전히 말려 이용한다. 다른 약재들은 잘게 썰어 깨끗하게 손질하여 홍화·국화와 함께 용기에 넣고 소주와 설탕을 부어 밀봉하여 시원한 곳에 저장한다.

② 처음 3~5일간은 1일 1회 정도 용기를 가볍게 흔들어 준다.

③ 3개월 뒤에 개봉하여 약재를 건져 내고, 건져 낸 약재의 1/5 정도를 다시 용기에 넣어 밀봉하여 시원한 곳에 저장한다.

⑤ 6개월 뒤에 완전 개봉하여 여과지에 걸러서 보관하며 복용한다.

⑥ 흑갈색을 띠며, 독특한 향기와 맛을 지닌 약술이다.

[효능]

생리 불순, 피부가 거칠고 혈색이 나쁠 때, 강장(强壯), 피부 미용에 효과적이며, 혈액 순환 장애를 개선해 준다.

[복용법]

1일 2회 20~30㎖씩 식후 또는 식간에 복용한다.

양귀미주의 약재들

　　당 나라 황제의 비(妃)이자 재색을 겸비한 절세미인이었던 양귀비(楊貴妃)가 미용과 건강을 위해 밤낮 애용했다고 전해지는 명주(名酒)의 하나다. 보혈(補血)의 당귀, 진통(鎭痛)의 작약, 양혈(養血)의 목단피, 파혈(破血)의 홍화, 조경(調經)의 향부자, 양혈(凉血)의 치자 등이 들어 있어 혈액 순환을 원활하게 하여 몸을 따뜻하게 하고, 생리통을 완화해 주며, 혈액 순환 장애를 개선하여 부인병을 없애고, 보혈(補血)로 혈색을 좋게 한다. 처방 가운데서도 용안육은 인도의 미용 과일로, 초조함을 진정시켜 충분한 수면을 취하게 해 주며, 몸속에서 피의 독소를 제거하여 피부를 티 없이 맑고 깨끗하게 해 준다. 긴장을 풀고 마음을 편안하게 해 주는, 여성의 건강과 미용에 아주 좋은 약술이다.

하수오용향주

荷首烏龍香酒

스트레스 해소와 정력 증강에 좋은 약술

[재료]

하수오(何首烏) 70g / 용안육(龍眼肉) 70g / 정향(丁香) 15g / 설탕 100g / 소주 1,800㎖

[제조 방법]

① 준비된 약재들을 깨끗이 손질하여 용기에 넣고 소주와 설탕을 부어 밀봉하여 시 원한 곳에 보관한다.

② 처음 3~5일간은 1일 1회 정도 용기를 가볍게 흔들어 준다.

③ 3개월 뒤에 개봉하여 약재를 건져 내고, 건져 낸 약재의 1/5 정도를 다시 용기에 넣어 밀봉하여 시원한 곳에 저장한다.

④ 6개월 뒤에 완전 개봉하여 여과지에 걸러서 보관하며 복용한다.

[효능]

자양 강장(滋養强壯), 진정(鎭靜) 효과가 뛰어나며, 정력 증강에 좋은 약술이다.

[복용법]

1일 2회 20~30㎖씩 아침저녁으로 식후에 복용한다.

하수오용향주의 약재들

[총론]

　하수오는 자양 강장(滋養强壯)·보혈(補血) 작용이 있어 허약 체질과 권태 무력, 병으로 인한 백발, 조기 노화에 효과가 있고, 조울증(燥鬱症) 등의 신경성 질환에도 효과가 있다. 장 운동을 촉진하여 변통(便通)을 좋게 해 준다.

　용안육은 매우 온화한 약물로, 부작용이 없고 자양 강장 효과가 뛰어나며 마음을 안정되게 하고 피부가 윤택해지게 하며 혈색을 맑게 해 준다. 정향은 방향성 건위제로 복부 냉증(冷症), 구토, 식욕 부진, 복통 등을 치료하는 효과가 있으며, 딸꾹질에도 좋다.

　하수오의 강장 강정(强壯强精) 효과, 용안육의 자양 강장 및 진정 효과, 정향의 건위(健胃) 효과와 독특한 향이 어우러진, 정력 증강에 이상적인 약술이다.

인삼양영주

人蔘養榮酒

잦은 피로나 헛땀을 자주 흘리는 등 소모성 질환에 좋은 약술

[재료]

백작약(白芍藥) 24g, / 당귀(當歸) 12g / 인삼(人蔘) 12g / 백출(白朮) 12g / 황기(黃芪) 12g / 육계(肉桂) 12g / 진피(陳皮) 12g / 구감초(炙甘草) 12g / 숙지황(熟地黃) 10g / 오미자(五味子) 10g / 방풍(防風) 10g / 원지(遠志) 6g / 생강(生薑) 6g / 대추(大棗) 5개 / 설탕 100g / 소주 1,800㎖

[제조 방법]

① 준비된 약재들을 깨끗이 손질하여 용기에 넣고 소주와 설탕을 부어 밀봉하여 시원한 곳에 저장한다.

② 처음 3~5일간은 1일 1회 정도 용기를 가볍게 흔들어 준다.

③ 3개월 뒤에 개봉하여 약재를 건져 내고, 건져 낸 약재의 1/5 정도를 다시 용기에 넣어 밀봉하여 시원한 곳에 저장한다.

④ 6개월 뒤에 완전 개봉하여 여과지에 걸러서 보관하며 복용한다.

[효능]

피로가 자주 오고, 기혈(氣血)이 부족하여 헛땀이 흐르는 등 폐결핵이나 소모성 질환, 병후 회복에 효과가 있다.

[복용법]

1일 2회 20~30㎖씩 아침저녁으로 식후에 복용한다.

인삼양영주의 약재들

[총론]

　인삼양영탕은 지나치게 허약하고, 기혈이 부족하여 숨이 차고, 식욕이 떨어져서 소식(小食)하며, 한열(寒熱) 왕래가 있고, 진땀이 저절로 흐르면서 요통까지 있는 경우에 쓸 수 있는 처방약이다. 즉 피로 권태하여 움직이기 싫을 정도로 온몸이 무겁고 숨이 차며, 아랫배가 당기면서 편치 않고, 허리와 등이 뻣뻣해지면서 아프고, 작은 일에도 잘 놀라고 입술이 잘 부르트고 마르며, 자꾸 여위어 갈 때 처방한다. 빈혈이 심하고 허약한 체질로 특히 유산 후 허리가 아프고 관절이 시릴 때 자주 이용되는 처방을 원방 그대로 약술로 담가 알코올로 상승 효과를 극대화함으로써 과로로 인한 피로나 기혈 부족으로 오는 무력감, 헛땀을 많이 흘리고 조금씩 어지러운 증상에 효과가 좋다.

춘수주

春壽酒

중 · 노년의 양기(陽氣) 부족과 보혈(補血)에 좋은 약술

[재료]

천문동(天門冬) 20g / 맥문동(麥門冬) 20g / 생지황(生地黃) 20g / 숙지황(熟地黃) 20g / 산약(山藥) 20g / 연자육(蓮子肉) 20g / 대추(大棗) 20g / 설탕 50g / 소주 1,800㎖

[제조 방법]

① 천문동과 맥문동은 거심(去心)하고, 대추는 씨를 제거하여 이용한다. 준비된 약재들을 용기에 넣고 소주와 설탕을 부어 밀봉하여 시원한 곳에 저장한다.

② 처음 3~5일간은 1일 1회 정도 용기를 가볍게 흔들어 준다.

③ 3개월 뒤에 개봉하여 약재를 건져 내고, 건져 낸 약재의 1/5 정도를 다시 용기에 넣어 밀봉하여 시원한 곳에 저장한다.

④ 6개월 뒤에 완전 개봉하여 여과지에 걸러서 보관하며 복용한다.

[효능]

춘수주는 중 · 노년의 양기(陽氣) 부족과 기혈(氣血) 부족에 효과가 있다. 심신을 튼튼하게 하고 비위(脾胃)의 기능을 보강하여 노화 방지에 도움을 준다.

[복용법]

1일 2회 20~30㎖씩 아침저녁으로 식후에 복용한다.

춘수주의 약재들

[총론]

　천문동은 자양 강장(滋養强壯) 약으로, 오랫동안 먹으면 늙지 않고 신선(神仙)이 된다고 알려져 있는 약초다. 맥문동은 폐를 보(補)하고 심장의 피를 맑게 하여 심장 기능을 향상시켜 준다. 지황은 쇠약해진 심장을 강하게 하는 효과가 뛰어나 증혈(增血) 작용을 하고 혈액 순환을 원활하게 하며, 병을 앓고 난 뒤에 체력을 회복시켜 준다. 산약은 자양 보정(滋養補精) 효과가 강하여 모든 장기에 힘을 주고 허약 체질을 개선한다. 연자육은 자양 강장제로, 수렴 진정(收斂鎭靜) 작용이 있어 주로 위장을 튼튼하게 하고 기운을 돋우며, 심신을 안정시키고 정력을 강화하는 효과가 뛰어나다. 춘수주는 노화 방지 및 중년층 이상의 건강주(健康酒)로 좋다.

영지단삼주

순 환 을 촉 진 하 고 , 생 활 습 관 병 과 심 장 질 환 에 좋 은 약 술

[재료]

영지(靈芝) 100g / 단삼(丹蔘) 20g / 삼칠근(三七根) 20g / 설탕 100g / 소주 1,800㎖

[제조 방법]

① 준비된 약재를 깨끗이 손질하여 용기에 넣고 소주와 설탕을 부어 밀봉하여 시원한 곳에 저장한다.

② 처음 3~5일간은 1일 1회 정도 용기를 가볍게 흔들어 준다.

③ 3개월 뒤에 개봉하여 약재를 건져 내고, 건져 낸 약재의 1/5 정도를 다시 용기에 넣어 밀봉하여 저장한다.

④ 6개월 뒤에 완전 개봉하여 여과지에 걸러서 보관하며 복용한다.

[효능]

혈액 순환을 촉진하고 식욕 부진에 효과가 있으며, 신경 쇠약과 심장 질환에도 효과가 있다.

[복용법]

1일 2회 20~30㎖씩 아침저녁으로 식후에 복용한다.

영지단삼주의 약재들

[총론]

　영지는 강장(强壯)·진정제(鎭靜劑)로, 불면증·고혈압·당뇨병·저혈압·
동맥경화·암 등 각종 생활습관병을 치료하는 데 이용되며, 기를 보(補)하고
근골(筋骨)을 튼튼하게 한다. 단삼은 염증을 제거하고 통증을 완화하며, 어혈
을 풀어 준다. 신혈(身血)을 보하고 태아를 편안하게 하며, 부인경맥을 고르게
하고 자궁 출혈과 대하(帶下)를 치료하는 효과도 있다. 삼칠근은 지혈 작용과
함께 혈액 순환을 촉진하고 어혈을 제거하는 작용이 있어 각종 출혈 증상에 이
용된다. 관상동맥경화로 인한 협심증에도 좋은 효과가 있다. 영지단삼주는 순
환 촉진 및 생활습관병, 심장 질환에 이용하면 효과적인 약술이다.

고본지황주

固本地黃酒

허약해진 몸을 건강하게 하고, 기혈(氣血)을 보강하는 약술

[재료]

생지황(生地黃) 30g / 숙지황(熟地黃) 30g / 천문동(天門冬) 30g / 맥문동(麥門冬) 30g / 백복령(白茯苓) 30g / 인삼(人蔘) 30g / 설탕 100g / 소주 1,800㎖

[제조 방법]

① 준비된 약재를 깨끗이 손질하여 용기에 넣고 소주와 설탕을 부어 밀봉하여 시원한 곳에 저장한다.

② 처음 3~5일간은 1일 1회 정도 용기를 가볍게 흔들어 준다.

③ 3개월 뒤에 개봉하여 약재를 건져 내고, 건져 낸 약재의 1/5 정도를 다시 용기에 넣어 밀봉하여 시원한 곳에 저장한다.

④ 6개월 뒤에 완전 개봉하여 여과지에 걸러서 보관하며 복용한다.

[효능]

노화 방지에 좋다. 허약해진 몸을 보(補)해 주고 기혈(氣血)을 보강하며, 안색을 좋게 한다.

[복용법]

1일 2회 20~30㎖씩 아침저녁으로 식후에 복용한다.

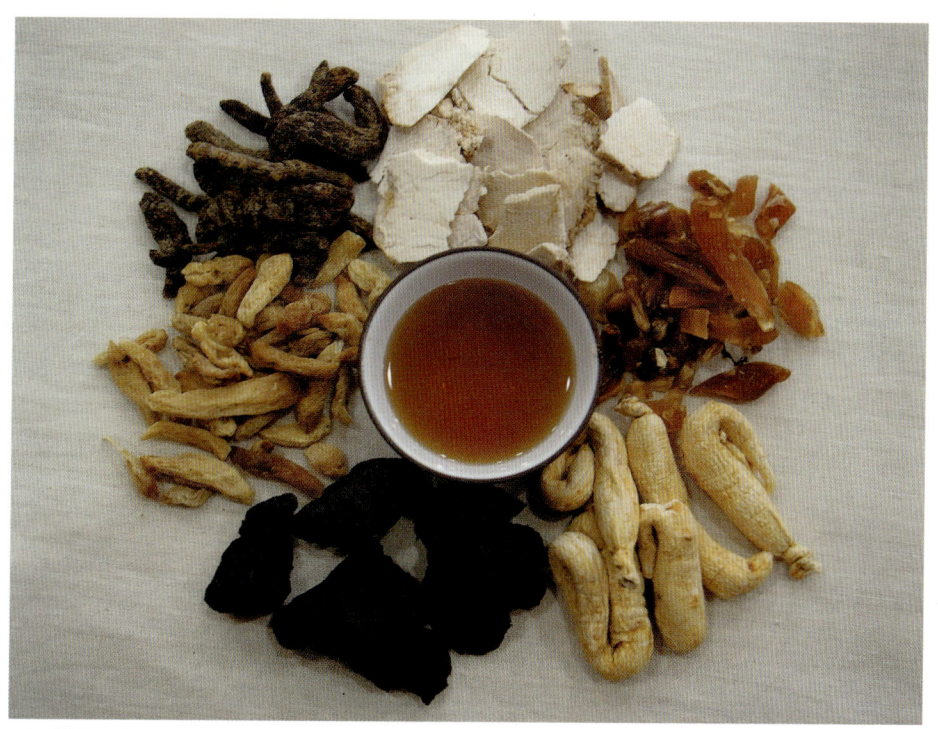
고본지황주의 약재들

[총론]

　고본지황주는 춘수주에서 산약과 연자육 대신 인삼과 복령을 넣어 담근 약술이다. 춘수주는 중노년의 양기 부족과 기혈(氣血) 부족에 좋으며, 심신을 튼튼하게 하고 비위(脾胃) 기능을 보강하여 노화 방지에 도움을 준다.

　인삼은 원기를 보하고 허탈을 치료하며, 혈액을 생성하고 심기(心氣)를 길러 주어 정신을 안정시킨다. 즉 피로 예방 효과가 탁월하며, 뇌와 근육 운동을 활발하게 한다. 복령은 완화(緩和) 이뇨제(利尿劑)로 소변을 잘 나오게 하고 몸의 진액(津液)을 보충해 주며, 허열(虛熱)을 없애 준다. 춘수주가 생진(生津)을 주로 한 약술이라면 고본지황주는 보혈(補血)과 보기(補氣)를 조화시킨 약술이라 할 수 있다.

익수약주
益壽藥酒

장 수 를 돕 고 , 노 화 방 지 및 치 매 예 방 에 좋 은   약 술

[재료]

인삼(人蔘) 20g / 건지황(乾地黃) 20g / 구기자(枸杞子) 20g / 음양곽(淫羊藿) 20g / 하수오(何首烏) 20g / 산약(山藥) 20g / 정향(丁香) 10g / 목향(木香) 10g / 원지(遠志) 10g / 설탕 100g / 소주 1,800㎖

[제조 방법]

① 준비된 약재들을 깨끗이 손질하여 용기에 넣고 소주와 설탕을 부어 밀봉하여 시원한 곳에 저장한다.

② 처음 3~5일간은 1일 1회 정도 용기를 가볍게 흔들어 준다.

③ 3개월 뒤에 개봉하여 약재를 건져 내고, 건져 낸 약재의 1/5 정도를 다시 용기에 넣어 밀봉하여 시원한 곳에 저장한다.

④ 6개월 뒤에 완전 개봉하여 여과지에 걸러서 보관하며 복용한다.

[효능]

장수를 도우며, 노화 방지 및 치매 예방에 효과가 좋다. 정신을 안정시키고 정력을 증강시킨다.

[복용법]

1일 2회 20~30㎖씩 아침저녁으로 식후에 복용한다.

익수약주의 약재들

[총론]

보기(補氣)·생진(生津), 면역력 강화 기능이 있는 인삼, 자신(滋腎)·윤폐(潤肺) 기능이 있는 구기자, 양혈 보혈(養血補血) 기능이 있는 건지황, 자양 강장(滋養强壯) 및 노화 방지 작용이 있는 하수오, 고신 익정(固腎益精) 작용이 있는 산약 등 자음 강장(滋陰强壯) 약을 군약으로 한다. 여기에 정력 보강제인 음양곽을 더하여 노화 방지와 정력 보강에 뜻을 두고, 방향성 건위제이자 신경 안정 효과가 있는 정향, 위 기능을 조화롭게 하고 정신을 안정시켜 주는 목향, 불면증 치료와 신경 안정 효과가 있는 원지를 더해 신경 안정과 정신 건강의 회복을 도와 장년층 이상의 치매와 노화를 예방해 주는, 심신 건강에 좋은 건강 약술이다.

연수주
延壽酒

허약 체질을 보강하고 당뇨에 좋으며, 장수에 도움이 되는 약술

[재료]

황정(黃精) 40g / 천문동(天門冬) 40g / 송엽(松葉) 20g / 구기자(枸杞子) 20g / 창출(蒼朮) 20g / 설탕 100g / 소주 1,800㎖

[제조 방법]

① 준비된 약재들을 깨끗이 손질하여 용기에 넣고 소주와 설탕을 부어 밀봉하여 시원한 곳에 저장한다.

② 처음 3~5일간은 1일 1회 정도 용기를 가볍게 흔들어 준다.

③ 3개월 뒤에 개봉하여 약재를 건져 내고, 건져 낸 약재의 1/5 정도를 다시 용기에 넣어 밀봉하여 시원한 곳에 저장한다.

④ 6개월 뒤에 완전 개봉하여 여과지에 걸러서 보관하며 복용한다.

[효능]

허약 체질을 보강하며, 당뇨성 질환에 효과가 있다. 전신 무력감과 어지럼증에도 효과적이다. 장수에 도움을 주는 약술이다.

[복용법]

1일 2회 20~30㎖씩 아침저녁으로 식후에 복용한다.

연수주의 약재들

[총론]

    천문동은 자양 강장(滋養强壯) 자음 윤조(滋陰潤燥) 약이며, 오랫동안 먹으면 늙지 않고 신선(神仙)이 된다고 알려져 있는 약재다. 창출은 비위(脾胃)를 튼튼하게 하여 소화 흡수가 잘되게 하고, 모든 풍습성(風濕性) 신경통에 좋은 효과가 있다.

    구기자는 정력을 좋게 하고 심신을 충실하게 하여 강장(强壯) 체질로 바꾸어 주며, 안색이 좋아지고 눈을 밝게 하며 노화를 막아 황정은 보비 익기(補脾益氣) 약으로 오랫동안 먹으면 피부색이 좋아지고 늙지 않으며 오래 산다고 한다. 솔잎은 요통 및 관절통에 효과가 있으며, 고혈압 및 생활습관병 예방에도 좋다.

    이러한 특징들로 보아 연수주는 이름 그대로 피로를 풀어 주고 건강하게 오래 살 수 있도록 처방된 약술이다.

백국화주

白菊花酒

정 신 을 맑 게 하 고 피 로 를 풀 어 주 며 , 정 력 을 보 강 하 는 약 술

[재료]

백국화(白菊花) 생것 300g / 생지황(生地黃) 100g / 천화분(天花紛) 30g / 구기자(枸杞子) 50g / 녹용(鹿茸) 10g / 설탕 50g / 소주 1,800㎖

[제조 방법]

① 백국화는 흐르는 물에 살짝 씻어 그늘진 곳에서 완전히 말려 이용하고, 생지황은 깨끗이 씻어서 하루 정도 그늘에 말려 이용한다.

② 준비한 약재를 용기에 넣고 소주와 설탕을 부어 밀봉하여 시원한 곳에 저장한다.

③ 처음 3~5일간은 1일 1회 정도 용기를 가볍게 흔들어 준다.

④ 3개월 뒤에 개봉하여 약재를 건져 내고, 건져 낸 약재의 1/5 정도를 다시 용기에 넣어 밀봉하여 시원한 곳에 저장한다.

⑤ 6개월 뒤에 완전 개봉하여 여과지에 걸러서 보관하며 복용한다.

[효능]

정력을 보강하고 피로를 풀어 주며 정신을 맑게 한다. 빈혈과 어지럼증을 없애 주고 장수에 도움이 된다. 스트레스와 정신의 피로를 풀어 준다. 치매를 예방하고, 눈이 충혈되고 침침한 증상에도 효과가 있다.

[복용법]

1일 2회 20~30㎖씩 아침저녁으로 식후에 복용한다.

백국화주의 약재들

[총론]

　백국화는 간을 보호하고 눈을 밝혀 주며, 해독(解毒)·소염(消炎) 작용이 있다. 소산풍열(消散風熱 : 열과 풍을 제거함) 작용에는 황국화(黃菊花)를 많이 쓰고, 평간명목(平肝明目 : 간을 다스리고 눈을 밝게 함) 작용에는 백국화(白菊花)를 많이 이용한다. 국화를 이용한 약술은 많으며, 주로 노화 방지나 장수 또는 치매 예방주로 이용된다.

　백화주는 백국화에 생진 윤조(生津潤燥)·보혈 양혈(補血養血) 작용이 있는 생지황과 눈을 밝게 하고 혈압 조절 능력이 있는 구기자, 보혈(補血)과 근골을 강화하는 녹용을 첨가하여 보정(補精)·보혈(補血)·보기(補氣)함으로써 장수와 건강에 도움을 주고, 질병 예방 및 노화 방지에 좋은 약술이다.

양춘주

陽春酒

피 부 를 매 끄 럽 게 하 고 피 로 를 푸 는 데 좋 은 약 술

[재료]

인삼(人蔘) 30g / 백출(白朮) 30g / 숙지황(熟地黃) 30g / 당귀신(當歸身) 20g / 천문동(天門冬) 20g / 구기자(枸杞子) 20g / 백자인(栢子仁) 15g / 원지(遠志) 15g / 설탕 50g / 소주 1,800㎖

[제조 방법]

① 천문동과 원지는 거심하고 나머지 약재들은 깨끗이 손질하여 용기에 넣고 소주와 설탕을 부어 밀봉하여 시원한 곳에 저장한다.

② 처음 3~5일간은 1일 1회 정도 용기를 가볍게 흔들어 준다.

③ 3개월 뒤에 개봉하여 약재를 건져 내고, 건져 낸 약재의 1/5 정도를 다시 용기에 넣어 밀봉하여 시원한 곳에 저장한다.

④ 6개월 뒤에 완전 개봉하여 여과지에 걸러서 보관하며 복용한다.

[효능]

비위(脾胃)의 기능을 원활하게 하여 속을 편하게 한다. 혈색을 좋게 하고 피부를 매끄럽고 윤택하게 하며, 빈혈을 없애고 머리를 맑게 해 준다.

[복용법]

1일 2회 20~30㎖씩 아침저녁으로 식후에 복용한다.

양춘주의 약재들

　　인삼과 백출은 보기제(補氣劑)로, 비장과 위장 기능을 활성화하여 기운을 돋
우어 모든 질병에 대한 저항력을 길러 준다. 숙지황과 당귀는 보혈제(補血劑)
로, 피의 생성을 돕고 혈액 순환을 촉진하여 혈색을 좋게 하고 빈혈을 막아 준
다. 천문동과 구기자는 보정제(補精劑)로 몸속의 진액을 생성시켜 정액 생성을
활발하게 하고 갈증을 풀어 주며, 노화 방지와 장수에 도움을 준다. 백자인과
원지는 보신제(補神劑)로 정신을 맑게 하고 신경을 안정시켜 주며, 두뇌 활동을
도와 치매를 예방해 준다. 이들 성분이 조화되고 알코올의 상승 작용이 어우러
져 노화 예방과 피로 회복을 도와주고, 건강까지 지켜주는 좋은 약술이다.

고진주

固眞酒

남 성 들 의   정 력   보 강 제 로   좋 은   약 술

[재료]

원잠아(元蠶兒) 60g / 육종용(肉蓰蓉) 30g / 백복령(白茯苓) 30g / 익지인(益智仁) 30g /
용골(龍骨) 15g / 설탕 100g / 소주 1,800㎖

[제조 방법]

① 원잠아는 날개를 떼어 내고 살짝 볶아서 이용하고, 용골은 가루를 내어 이용한다.

② 준비한 약재를 삼베 보자기나 가제에 싸서 용기에 넣고 소주와 설탕을 부어 밀봉
   하여 시원한 곳에 저장한다.

③ 처음 3~5일간은 1일 1회 정도 용기를 가볍게 흔들어 준다.

④ 3개월 뒤에 개봉하여 약재를 건져 내고, 건져 낸 약재의 1/5 정도를 다시 용기에
   넣어 밀봉하여 시원한 곳에 저장한다.

⑤ 6개월 뒤에 완전 개봉하여 여과지에 걸러서 보관하며 복용한다.

[효능]

남성들의 정력 보강제로 효과가 좋으며, 조루나 발기 부전에도 큰 효과가 있다. 여성
들의 불감증에도 효과가 있다.

[복용법]

1일 2회 20~30㎖씩 아침저녁으로 식후에 복용한다.

고진주의 약재들

[총론]

　익지인은 신(腎) 기능을 강화하고, 비장(脾臟)을 따뜻하게 한다. 백복령은 소변을 잘 보게 하고 비장(脾臟) 기능을 강화하며, 담(痰)을 없애 주고 신경을 안정시킨다. 육종용은 정력을 보강하며 양기 부족으로 인한 요통이나 눈이 침침한 증상, 다리에 힘이 없는 증상, 신허 이명(腎虛耳鳴), 건망증을 개선하고, 정액 양을 증가시키며 성 기능을 강화해 준다. 원잠아는 남자의 성욕을 왕성하게하고 유정(遺精)과 몽설(夢泄), 혈뇨(血尿)를 치료한다. 원잠아를 이용할 때는 누에에서 나오는 나방, 그중에서도 교미하기 전의 수나방만을 이용해야 효과가 크다. 용골은 몸과 마음을 안정시키고 울화(鬱火)를 가라앉히며, 땀이 나는것을 멈추게 하고 조루증을 억제하는 효과가 있다. 고진주는 남성들의 정력 강화와 조루증에 최고의 약술로 꼽는다.

당귀보혈주
當歸補血酒

신경성, 빈혈성, 혈허성 등 모든 두통에 효과가 좋은 약술

[재료]

건지황(乾地黃) 20g / 백작약(白芍藥) 20g / 천궁(川芎) 20g / 당귀(當歸) 20g / 황연(黃蓮) 15g / 방풍(防風) 15g / 시호(柴胡) 15g / 만형자(蔓荊子) 15g / 형개(荊芥) 10g / 고본(古本) 10g / 설탕 100g / 소주 1,800ml

[제조 방법]

① 건지황과 황연은 주초(酒炒 : 술에 담갔다가 건져서 볶는 것)하여 이용한다.
② 준비된 약재들을 모두 용기에 넣고 소주와 설탕을 부어 밀봉하여 시원한 곳에 저장한다.
③ 처음 3~5일간은 1일 1회 정도 용기를 가볍게 흔들어 준다.
④ 3개월 뒤에 개봉하여 약재를 건져 내고, 건져 낸 약재의 1/5 정도를 다시 용기에 넣어 밀봉하여 시원한 곳에 저장한다.
⑤ 6개월 뒤에 완전 개봉하여 여과지에 걸러서 보관하며 복용한다.

[효능]

빈혈성 두통·편두통·신경성 두통 등 모든 두통 증상에 좋은 효과가 있다. 감기 초기의 두통과 피로에도 좋다.

[복용법]

1일 2회 20~30ml씩 아침저녁으로 식후에 복용한다.

당귀보혈주의 약재들

[총론]

　　지황 · 당귀 · 천궁 · 백작약은 사물탕의 약재들로, 모든 혈허(血虛)와 빈혈
질환을 치료하고, 여성의 경행 불순 및 부인병 치료에 가장 기본이 되는 처방
이다. 사물은 대표적인 보혈(補血) 약재이기도 하다. 황연은 해열(解熱) · 항균
(抗菌) 작용이 있고, 방풍은 해열(解熱) · 진통(鎭痛) 작용이 있으며, 주로 두통
에 많이 쓴다. 시호는 열과 화를 내리고 풍을 예방하며, 만형자는 고혈압성 두
통에 좋고, 형개는 감기 몸살로 인한 두통에 좋으며, 고본은 두통을 진정시키
는 작용을 한다. 당귀보혈주는 사물탕을 군약으로 두통에 효과가 좋은 약재를
첨가한 약술로, 이들이 조화를 이루어 혈허성 및 신경성 두통과 스트레스로 인
한 압박감 해소에 도움이 되는 두통 전문 약술이다.

청심연자음주

清心蓮子飲酒

스트레스를 해소하여 신경을 안정시키고 당뇨에 좋은 약술

[재료]

연자육(蓮子肉) 40g / 인삼(人蔘) 20g / 황기(黃芪) 20g / 백복령(白茯苓) 20g / 황금(黃芩) 15g / 차전자(車前子) 15g / 맥문동(麥門冬) 15g / 지골피(地骨皮) 15g / 감초(甘草) 15g / 설탕 100g / 소주 1,800㎖

[제조 방법]

① 준비된 약재들을 깨끗이 손질하여 용기에 넣고 소주와 설탕을 부어 밀봉하여 시원한 곳에 저장한다.

② 처음 3~5일간은 1일 1회 정도 용기를 가볍게 흔들어 준다.

③ 3개월 뒤에 개봉하여 약재를 건져 내고, 건져 낸 약재의 1/5 정도를 다시 용기에 넣어 밀봉하여 시원한 곳에 저장한다.

④ 6개월 뒤에 완전 개봉하여 여과지에 걸러서 보관하며 복용한다.

[효능]

소변이 잘 나오지 않을 때, 단백뇨나 혈뇨가 비칠 때, 입이 마르고 갈증이 자주 날 때, 심화상염(心火上炎 : 심장에 화가 있으면 열이 위로 오른다는 뜻으로, 심장 신경계의 이상 항진증을 말함) 등에 효과가 있다. 청심연자음은 당뇨에 쓰는 대표적인 처방 가운데 하나다.

[복용법]

1일 2회 20~30㎖씩 아침저녁으로 식후에 복용한다.

청심연자음주의 약재들

　청심연자음은 얼굴이 달아오르고 가슴이 답답하며 입이 마르고 잦은 갈증
이 나거나 소변 시 불쾌감과 붉은색 소변이 나오는 증상을 다스린다. 소변을
따라 나오는 단백뇨(蛋白尿)를 치료하고, 심화를 다스리는 데도 효과적이다.
소변의 적탁(赤濁)과 백탁(白濁)도 다스린다. 또한 이 처방은 잘 먹지 못해서 일
어나는 갈증을 풀어 주고 비특이성 면역력을 증강시켜 주며, 강장(强壯) 작용
도 한다. 소염(消炎)·항균(抗菌)·진해(鎭咳) 작용을 하며, 신경을 안정시킨다.
그 구성은 연자육·인삼·황기·백복령의 보기 보혈제를 군약으로 하여 황
금·차전자·지골피·맥문동의 청열 이뇨제를 좌약으로 이용하며, 이 처방의
탕약과 약술은 모두 당뇨에 좋은 효과가 있다.

구신인삼주

狗腎人蔘酒

강 력 한   정 력 제 인   해 구 신 을   이 용 한   약 술

[재료]

해구신(海狗腎) 1구 / 인삼(人蔘) 30g / 산약(山藥) 60g / 설탕 50g / 소주 1,800㎖

[제조 방법]

① 해구신을 소주에 1시간쯤 담가 두었다가 건져 내어 비닐에 싸서 3시간 정도 시원
   한 곳에 두었다가 잘게 썰어서 쓴다.

② 준비한 약재를 용기에 넣고 소주와 설탕을 부어 밀봉하여 시원한 곳에 저장한다.

③ 처음 3~5일간은 1일 1회 정도 용기를 가볍게 흔들어 준다.

④ 6개월 이상 숙성하여 그대로 약재까지 복용해도 좋다.

[효능]

강력한 정력제로 이용되고, 양기 부족과 피로, 발기 부전 등에 효과가 있다.

[복용법]

1일 1회 취침 전에 20~30㎖ 정도 복용한다.

※ 주의 : 요즘에는 〈동물보호법〉 때문에 해구신이 유통되지 않으며, 간혹 나오더라도 진위
   를 판단하기가 어렵다. 또한 유통 과정에서 변질되거나 가짜가 많으므로 주의해야 한다.
   해구신 대신 황구신이나 녹신으로 대체하는 것도 하나의 방법이다.

구신인삼주의 약재들

[총론]

　해구신은 물개 수컷의 생식기를 이르는 말로, 예부터 호랑이·말·개·사슴의 생식기와 더불어 강력한 정력제로 대접받아 왔다. 주로 술로 많이 이용되며, 심신(心身)의 피로로 인해 정력이 떨어지거나 발기 부전, 과도한 성 생활로 인한 피로, 몽정(夢精)이나 몽설(夢泄)에 효과가 있다. 또한 중풍에도 좋고 양기를 도우며, 허리와 무릎을 따뜻하게 해 준다. 여기에 인삼과 산약의 자양 보정(滋養補精) 효과가 더해져 원기를 보(補)하고 허탈을 치료하며, 혈액을 생성하고 심기(心氣)를 길러 정신을 안정시켜 피로를 풀어 주는 효과가 탁월하다. 강력한 정력제로 이용되는 약술이다.

종옥약주
種玉藥酒

남 성 불 임 증 과 정 력 증 강 에 좋 은 약 술

[재료]

음양곽(淫羊藿) 75g / 생지황(生地黃) 30g / 호두육[胡桃肉] 30g / 구기자(枸杞子) 15g / 오가피(五茄皮) 15g / 설탕 100g / 소주 1,800㎖

[제조 방법]

① 생지황은 찧어서 막걸리에 쪄서 말린 것을 이용한다. 준비된 약재들을 깨끗이 손질하여 용기에 넣고 소주와 설탕을 부어 밀봉하여 시원한 곳에 저장한다.

② 처음 3~5일간은 1일 1회 정도 용기를 가볍게 흔들어 준다.

③ 3개월 뒤에 개봉하여 약재를 건져 내고, 건져 낸 약재의 1/5 정도를 다시 용기에 넣어 밀봉하여 시원한 곳에 저장한다.

④ 6개월 뒤에 완전 개봉하여 여과지에 걸러서 보관하며 복용한다.

[효능]

남성의 정력 부족과 남성으로 인한 불임증에 효과적이다. 남성의 정충(=정자) 활동을 높여 주고 그 수를 늘려 주는 효과가 있다. 남녀 모두 복용해도 좋으나 복용 중에는 성관계를 피하는 것이 좋다.

[복용법]

1일 2회 20~30㎖씩 아침저녁으로 식후에 복용한다.

종옥약주의 약재들

[총론]

생지황을 막걸리에 쪄서 이용하면 보음 강정(補陰强精) 효과가 있으며, 정액의 양을 늘려 주고 정충의 활동력을 높여 준다. 호두는 몸을 윤택하게 하고 강장 효과가 뛰어나며, 진액을 생성하고 무병장수(無病長壽)에 좋은 과실이다. 음양곽은 정력을 강하게 하고 성 호르몬의 분비를 촉진하며, 성 신경을 자극하고 흥분시키는 작용이 있다. 건망증 예방에도 효과적이다.

구기자는 근육과 뼈의 발달을 튼튼하게 하고 정력을 증진시켜 주며, 정신적·육체적 피로를 풀어 준다. 오가피는 중추 신경을 흥분시키는 효과가 있어 피로를 풀어 주고 정력 감퇴나 기억력 상실 등의 증상이 있을 때 오랫동안 복용하면 좋다. 종옥약주는 특히 남성 불임증에 자주 이용된다.

인삼구기주
人蔘枸杞酒

기력(氣力)을 보강하고, 병후 회복과 빈혈에 좋은 약술

[재료]

인삼(人蔘) 20g / 구기자(枸杞子) 100g / 숙지황(熟地黃) 50g / 설탕 50g / 소주 1,800㎖

[제조 방법]

① 준비된 약재들을 깨끗이 손질하여 용기에 넣고 소주와 설탕을 부어 밀봉하여 시원한 곳에 저장한다.

② 처음 3~5일간은 1일 1회 정도 용기를 가볍게 흔들어 준다.

③ 3개월 뒤에 개봉하여 약재를 건져 내고, 건져 낸 약재의 1/5 정도를 다시 용기에 넣어 밀봉하여 시원한 곳에 저장한다.

④ 6개월 뒤에 완전 개봉하여 여과지에 걸러서 보관하며 복용한다.

[효능]

보음주(補陰酒)로 기력을 보강하고, 병후 쇠약이나 빈혈에 좋다. 영양 부족과 신경 쇠약에도 효과가 있으며, 당뇨에도 효과가 기대된다. 오랫동안 복용해도 좋은 건강주(健康酒)이다.

[복용법]

1일 2회 20~30㎖씩 아침저녁으로 식후에 복용한다.

인삼구기주의 약재들

[총론]

　구기자는 근육과 뼈를 튼튼하게 하고 자양 강장(滋養强壯) 효과가 있으며, 정신적 · 육체적 피로를 풀어 주며 눈을 밝게 해 주므로 상용(常用)하면 장수할 수 있다. 숙지황은 혈(血)을 보(補)하고 정(精)을 보충하여 허리와 무릎이 시리고 아프거나 월경 이상, 어지럼증을 치료하고 머리를 검게 하는 효능이 있다.

　인삼은 원기(元氣)를 보하고 허탈(虛脫)을 치료하며, 혈액을 생성하고 심기(心氣)를 길러 정신을 안정시켜 준다. 즉 피로 방지 효과가 확실하며, 뇌와 근육 운동을 활발하게 한다. 인삼구기주는 구기자를 군약(君藥)으로 한 약술로, 기력을 돋우어 주며, 상복(常服)하면 노화 방지 효과도 있다.

우슬오가피주

牛膝五茄皮酒

관 절 염 , 요 통 , 신 경 통 , 요 통 에 특 히 좋 은 약 술

[재료]

오가피(五茄皮) 80g / 당귀(當歸) 40g / 우슬(牛膝) 40g / 설탕 100g / 소주 1,800㎖

[제조 방법]

① 준비된 약재들을 깨끗이 씻어서 완전히 말려 당귀는 얇게 썰고, 오가피와 우슬은
   3cm 정도로 썰어서 용기에 넣고 소주와 설탕을 부어 밀봉하여 시원한 곳에 저장
   한다.
② 처음 3~5일간은 1일 1회 정도 용기를 가볍게 흔들어 준다.
③ 3개월 뒤에 개봉하여 약재를 건져 내고, 건져 낸 약재의 1/5 정도를 다시 용기에
   넣어 밀봉하여 시원한 곳에 저장한다.
④ 6개월 뒤에 완전 개봉하여 여과지에 걸러서 보관하며 복용한다.

[효능]

거풍 제습(祛風除濕) 효과가 있어 류머티즘성 관절염에 좋고, 학슬풍(鶴膝風 : 무릎 마
디가 아프고 붓는 증상)이나 슬관절염, 요통, 견비통에도 좋다.

[복용법]

1일 2회 20~30㎖씩 아침저녁으로 식후에 복용한다.

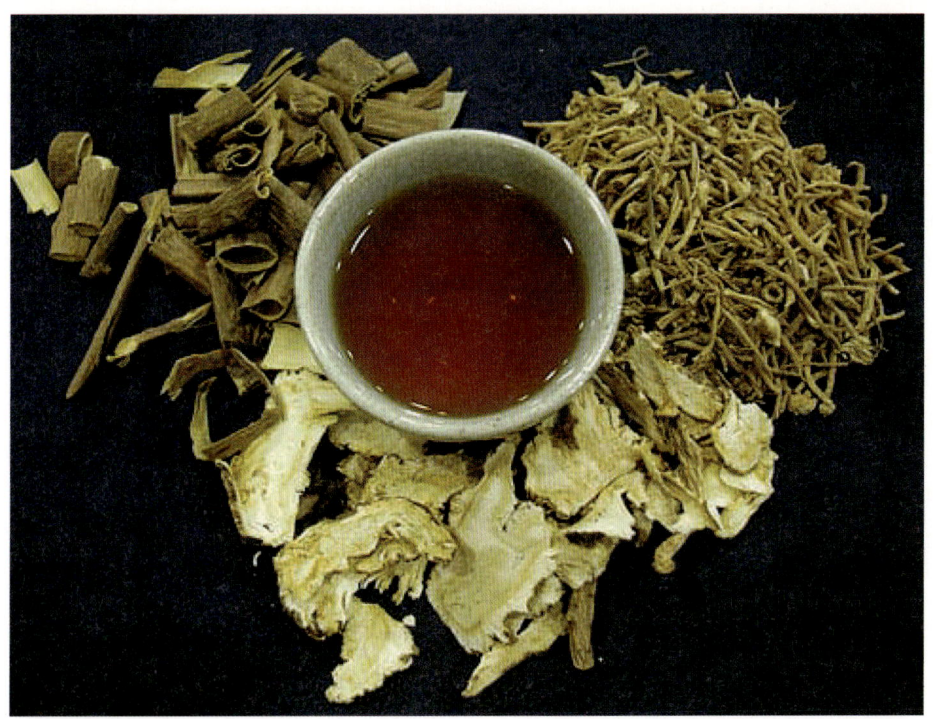
우슬오가피주의 약재들

[총론]

　오가피는 강장(强壯)·강정(强精), 정력 증강 효능이 있으며, 특히 하반신에 작용하여 허리와 다리의 힘이 없고 때때로 아픈 증상, 가벼운 수종(水腫)에 효과적이다. 당귀는 혈액 순환을 촉진하고 혈허(血虛)로 인한 신체 허약, 관절통, 두통, 복통, 타박상 등의 통증을 덜어 주며, 부인병의 주된 약재로 쓰여 월경을 조절하고 신경을 안정시켜 준다.

　우슬은 무릎 질환에 좋은 약재로, 다른 약재들의 기운을 하지 쪽으로 이끌어 준다. 술에 쪄서 사용하면 신기(腎氣)를 강화하여 근육과 뼈를 강하게 만들어 허리나 다리에 힘이 없고 아픈 증상에 효과가 좋다. 우슬오가피주는 오가피를 군약(君藥)으로 한, 신경통 및 관절통에 좋은 약술이다.

오가황만주

五茄黃蔓酒

정력을 증강시키고, 스트레스 해소와 건강 증진에 좋은 약술

[재료]

오가피(五茄皮) 60g / 황정(黃精) 60g / 만형자(蔓荊子) 40g / 소주 1,800㎖ / 설탕 100g

[제조 방법]

① 황정과 오가피는 깨끗이 씻어 말려서 3㎝ 정도로 썰어서 이용하고, 만형자는 벌레 먹지 않은 것을 골라 깨끗이 씻어 말린다.

② 준비된 약재들을 모두 용기에 넣고 소주와 설탕을 부어 밀봉하여 시원한 곳에 저장한다.

③ 처음 3~5일간은 1일 1회 정도 용기를 가볍게 흔들어 준다.

④ 3개월 뒤에 개봉하여 약재를 건져 내고, 건져 낸 약재의 1/5 정도를 다시 용기에 넣어 밀봉하여 시원한 곳에 저장한다.

⑤ 6개월 뒤에 완전 개봉하여 여과지에 걸러서 보관하며 복용한다.

[효능]

오가피의 강장(强壯)·강정(强精) 효과, 황정의 고혈압 조절 및 정력 증진 효과, 만형자의 스트레스성 두통 진정 효과가 상호 작용을 하여 건강을 증진하는 데 좋은 효과가 있다.

[복용법]

1일 2회 20~30㎖씩 아침저녁으로 식후에 복용한다.

오가황만주의 약재들

[총론]

　오가피는 예부터 강장주(强壯酒)를 많이 만들어 왔으며, 강장(强壯)·강정(强精) 효과와 정력을 회복시켜 주는 효능이 있다. 황정은 오랫동안 먹으면 피부색이 좋아지고 늙지 않으며 오래 산다고 알려진 약재다. 자양 강장(滋養强壯), 강심(强心), 혈당 저하, 부신 피질 호르몬 보강, 혈압 강하 등의 효과가 있다. 특이한 향이 있는 만형자는 강장(强壯)·진정(鎭靜)·진통(鎭痛)·소염(消炎) 작용을 하여 스트레스성 두통과 중이염 등에 효과가 있다.

　이 처방은 오가피의 정력 및 관절 보강, 황정의 노화 방지 효과에 만형자의 진통 작용을 보강한 약술로, 특히 노년층에 효과가 기대된다.

가미호두주

加味胡桃酒

골다공증과 허리 및 관절 기능을 강화해 주는 약술

[재료]

호두육[胡桃肉] 40g / 파고지(破古紙) 40g / 두충(杜沖) 40g / 우슬(牛膝) 40g / 설탕 100g / 소주 1,800㎖

[제조 방법]

① 호두는 껍질을 까서 이용하고, 두충은 살짝 초(炒)해서 이용한다.

② 준비된 약재들을 깨끗이 손질하여 용기에 넣고 소주와 설탕을 부어 밀봉하여 시원한 곳에 저장한다.

③ 처음 3~5일간은 1일 1회 정도 용기를 가볍게 흔들어 준다.

④ 3개월 뒤에 개봉하여 약재를 건져 내고, 건져 낸 약재의 1/5 정도를 다시 용기에 넣어 밀봉하여 시원한 곳에 저장한다.

⑤ 6개월 뒤에 완전 개봉하여 여과지에 걸러서 보관하며 복용한다.

[효능]

뼈의 성장을 돕고 튼튼하게 하며, 눈을 밝고 청명하게 한다. 또한 심신을 안정시키고 근육의 피로를 풀어 주는 효과가 있어서 오랫동안 복용하면 백병을 막아 주고 장수에 도움이 된다.

[복용법]

1일 2회 20~30㎖씩 아침저녁으로 식후에 복용한다.

가미호두주의 약재들

[**총론**]

　호두는 몸을 윤택하게 하고 강장 효과가 뛰어난 식품으로 알려져 있다. 호흡기가 약한 사람에게 많이 처방되며, 만성 기관지염이나 천식, 기침이 심하고 가래가 많을 때 좋은 효과를 나타낸다. 두충은 양기(陽氣)를 살리는 약으로, 허리 아랫부분이 차갑거나 허리와 무릎이 자주 아프고 하체가 연약해 보행이 곤란한 경우 또는 발기 부전에 효과가 있다.

　파고지는 신양(腎陽)이 허(虛)하여 허리와 무릎이 시리고 통증이 있을 때, 소변을 자주 볼 때, 음위(陰萎), 설정(泄精 : 정액이 저절로 흐르는 증상), 야뇨증 등에 처방한다. 우슬은 허리와 다리를 튼튼하게 하고, 각 관절을 보강한다. 골다공증과 관절을 강화하고 정력 보강에 효과적인 약술이다.

자음흥양주
滋陰興陽酒

자양 강장과 노화 예방, 피로 회복에 좋은 약술

[재료]

숙지황(熟地黃) 40g / 백출(白朮) 29g / 산수유(山茱萸) 20g / 구기자(枸杞子) 10g / 복령(茯苓) 10g / 백자인(栢子仁) 10g / 파극(巴戟) 10g / 육계(肉桂) 10g / 원지(遠志) 10g / 육종용(肉蓯蓉) 10g / 두충(杜沖) 10g / 설탕 100g / 소주 1,800㎖

[제조 방법]

① 구기자는 그대로 이용하고, 그 밖의 재료는 잘게 썰어서 이용한다. 준비된 재료들을 용기에 넣고 소주와 설탕을 부어 밀봉하여 시원한 곳에 저장한다.

② 처음 3~5일간은 1일 1회 정도 용기를 가볍게 흔들어 준다.

③ 3개월 뒤에 약재를 건져 내고, 건져 낸 약재의 1/5 정도를 다시 용기에 넣어 밀봉하여 시원한 곳에 저장한다.

④ 6개월 뒤에 삼베나 여과지에 걸러서 보관하며 복용한다.

⑤ 독특한 맛과 향기를 지닌 약술이다.

[효능]

자양 강장(滋養强壯), 노화 예방, 피로 회복에 효과가 있으며, 건망증 예방에도 좋다. 정력을 강화하고 조루를 치료한다.

[복용법]

1일 2회 20~30㎖씩 아침저녁으로 식후에 복용한다.

자음흥양주의 약재들

　　원방은 자음흥양탕(滋陰興陽湯)이다. 일제 시대부터 유행한 정력 강화제로,
조루가 심한 경우에 자음흥양단이나 자음흥양주를 복용했다. 자음흥양주는
숙지황의 보신(補腎)·보혈(補血) 작용과 산수유의 보신(補腎)·고정(固精) 작
용, 구기자의 보신(補腎)·자음(滋陰) 작용을 이용한 약술이다. 백출과 복령의
보기(補氣) 작용, 파극과 육종용의 정력 강화 작용, 두충의 허리 보강 효과와 계
피의 온열(溫熱) 효과, 원지의 안신(安神) 효과, 백자인의 자양 강장 및 안신 효
과가 어우러져 자양 강장 및 정력 보강, 피로 회복에 좋은 처방의 약술이다. 특
히 조루증 및 중년들의 정력 강화제로, 8·15 해방 전에 귀족들 사이에 은밀히
유행했던 자음흥양단을 약술로 이용한 것이다.

● 참고 문헌

《국역증보 동의보감》 배원식 외 4인 감수, 남산당

《한방의학총서》 중국중의학원

《만병의약고만》 육청절, 중의총서

《신씨본초학》 신길구, 수문사

《의심방 방내》 정해철, 행림출판사

《한국의 야생식물》 고경식 · 전의식, 일진사

《건강보감》 배기환, 교학사

《약술 담그는 법》 이병국 · 이해녕, 현대침구원

《신 한방 약차약술》 신준식 감수, 국일문화사

《향약본초》 신전휘 · 신용욱, 계명대학교 출판부

《운곡본초학》 주영승, 서림재

《원색한국 본초도감》 안덕균, 교학사

《약용식물 대사전》 장광진 옮김, 동학사

《방약합편》 황도연, 남산당

《약이 되는 자연식》 심상용, 창조사

《산야초 동의보감》 장준근, 아카데미북

《약초산행》 최진규, 김영사

인터넷 다음 웹페이지 〈겨레의 자연건강〉

다음 백과사전

네이버 백과사전

브리태니커 백과사전

한방 약술 찾아보기
(가나다순)